大学生
学科竞赛
理论与实践

DA
XUEKE JINGSAI
LILUN YU SHIJIAN

刘昌凤　牛雪莲　赵健　著

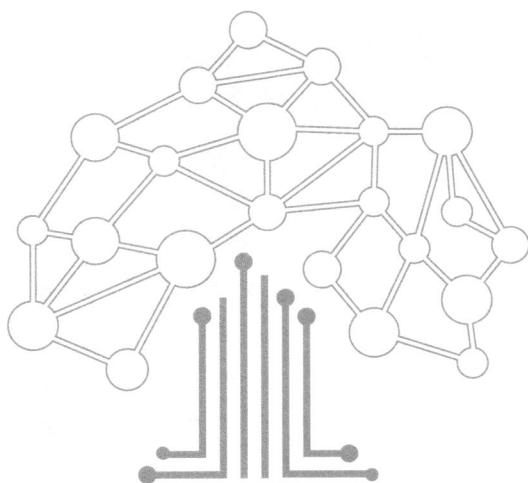

化学工业出版社
·北京·

内容简介

本书聚焦大学生学科竞赛能力培养，系统阐述了学科竞赛的内涵与价值、现状与问题，并深入探讨了其能力培养机制；通过对物理、土木水利、海洋工程、体育等学科竞赛的实践案例分析，展示了不同学科竞赛的特点及对学生能力提升的作用，探讨了 AI 赋能下学科竞赛的创新与未来发展趋势。本书可供学生及教育研究者使用，既可作为高校学科竞赛组织与实施的指导手册，也可为相关领域学术研究提供理论支撑与实践案例参考。

图书在版编目（CIP）数据

大学生学科竞赛理论与实践 / 刘昌凤，牛雪莲，赵健著． -- 北京 : 化学工业出版社，2025. 10. -- ISBN 978-7-122-48721-6

Ⅰ．N44

中国国家版本馆CIP数据核字第2025E8R815号

责任编辑：毕仕林　刘　军
责任校对：王　静
装帧设计：王晓宇

出版发行：化学工业出版社
　　　　　（北京市东城区青年湖南街 13 号　邮政编码 100011）
印　　装：涿州市般润文化传播有限公司
710mm×1000mm　1/16　印张 10½　字数 195 千字
2025 年 10 月北京第 1 版第 1 次印刷

购书咨询：010-64518888　　　　　售后服务：010-64518899
网　　址：http://www.cip.com.cn
凡购买本书，如有缺损质量问题，本社销售中心负责调换。

定　　价：98.00元　　　　　　　　版权所有　违者必究

　　大学生学科竞赛作为连接课堂知识与创新实践的重要桥梁，不仅承载着激发学生学习潜能、培养学生团队协作能力的使命，更成为检验高校人才培养质量的关键指标。然而，学科竞赛蓬勃发展的背后，也存在着诸多问题，如资源分配不均、评价体系功利化、课程体系与竞赛需求脱节等。这些问题制约了学科竞赛育人功能的充分发挥，亟待深入研究并加以解决。在此背景下，我们深感有必要撰写一本关于大学生学科竞赛能力培养的专著，为高校教师、学生及学科竞赛组织者提供全面、系统且实用的指导。

　　本书旨在深入剖析大学生学科竞赛的内涵、价值、现状与问题，系统阐述学科竞赛能力培养的理论基础、实践模式和有效途径，通过丰富的案例分析展示不同学科竞赛的特点及对学生能力提升的作用，并对学科竞赛的未来发展进行展望。本书主要内容涵盖大学生学科竞赛能力培养概述，包括学科竞赛的内涵与价值、现状与问题，如国际视野下的学科竞赛对比分析；详细阐述学科竞赛能力培养机制，包括理论基础、实施路径；深入评估学科竞赛能力培养的成效；介绍国内部分学科竞赛实践，如物理类、土木水利类、海洋工程类和体育类学科竞赛的具体情况；对学科竞赛的创新和未来进行展望。

　　本书适用于高等教育管理者，学科竞赛指导教师、参赛学生及教育研究者。建议管理者重点关注第 2、3 章，以完善竞赛组织机制；教师可结合第 4 章案例优化指导策略；学生可从第 5 章 AI 赋能内容中获取创新启发。读者可根据需求选择重点章节阅读，亦可通览全书形成系统认知。我们鼓励读者将理论框架应用于实践，并通过持续反馈推动培养体系的迭代升级。

本书由大连海洋大学海洋与土木工程学院刘昌凤、海洋科技与环境学院牛雪莲和体育部赵健老师共同编写。在编写过程中，团队深入调研 20 余所高校学科竞赛实践，确保内容的科学性与实操性。特别感谢大连海洋大学海洋与土木工程学院的陈昌平教授，对本书的编写提出了许多宝贵的意见和建议，为本书的完善做出了重要贡献。

尽管我们在编写过程中竭尽全力，但由于学科竞赛领域发展迅速，知识体系不断更新，书中难免存在不足之处，恳请广大读者批评指正。希望本书能够为大学生学科竞赛能力培养事业的发展贡献一份力量，期待与各界同仁携手合作，共同为培养更多具有创新精神和实践能力的高素质人才而努力。

著者

2025 年 5 月

目录

第 5 章
AI 赋能下的大学生学科竞赛创新与未来展望　**146**

参考文献　**152**

第 1 章

大学生学科竞赛
能力培养概述

在全球科技创新浪潮以指数级速度加速迭代、新技术如雨后春笋般不断涌现的时代背景下，学科竞赛已然成为高等教育体系中培养创新型人才的核心载体与关键路径。在当今这个科技竞争白热化、创新驱动成为国家发展核心战略的宏观格局中，学科竞赛以其独特的魅力和强大的功能，为高等教育的人才培养注入了新的活力与动力。

依据教育部权威发布的《2023年全国普通高校学科竞赛排行榜》数据，一个令人瞩目的现象呈现在世人眼前：中国高校学生年均参与学科竞赛的规模已成功突破600万人次。这一庞大的参赛群体如同汹涌的浪潮，彰显出学科竞赛在高校学生群体中的广泛影响力和强大吸引力。而且，竞赛所覆盖的领域极为广泛，涵盖了人工智能、生物医学、新能源等30余个战略性新兴产业领域。这些领域不仅是当前科技发展的前沿阵地，更是未来国家经济和社会发展的关键支撑点。学科竞赛在这些领域的深入开展，为学生提供了一个接触和探索最新科技动态的平台，使他们能够在实践中了解行业需求，提前适应未来职业发展的趋势，为国家的战略性新兴产业发展储备了大量具有创新能力和实践经验的优秀人才。这一现象绝非偶然，它深刻地体现了高等教育与国家创新驱动发展战略之间的高度耦合与深度融合。高等教育作为人才培养的摇篮，肩负着为国家和社会输送创新型人才的重任。而学科竞赛作为一种重要的教育形式，通过模拟实际科研和工程问题，激发了学生的创新思维和实践能力，培养了学生的团队合作精神和解决实际问题的能力，与国家创新驱动发展战略所倡导的以创新为核心的发展理念高度契合。同时，学科竞赛在重塑人才培养范式中发挥着关键作用。传统的人才培养模式往往注重知识的传授和理论的灌输，而学科竞赛则强调知识的应用和实践能力的培养，促使高校不断改革教学方法和课程体系，构建更加注重实践、创新和跨学科融合的人才培养体系，推动高等教育从以知识传授为主向以能力培养为主的转变。

从政策导向层面来看，《中国教育现代化2035》为学科竞赛在高等教育中的发展指明了方向。该规划明确提出"以赛促学、以赛促创"的实施路径，要求高校将竞赛能力培养纳入人才培养方案，从制度层面为学科竞赛的发展提供了坚实的保障。这一政策导向既体现了国家对学科竞赛在培养创新型人才方面重要作用的高度认可，也促使高校更加重视学科竞赛的组织和开展，加大对学科竞赛的投入和支持力度，为学生提供更多的参赛机会和更好的竞赛条件。

在国际比较研究中，我们可以发现，学科竞赛在顶尖高校的人才培养中占据着核心地位。以美国的"MIT Grand Challenge"计划为例，该计划由麻省理工学院发起，旨在通过组织一系列具有挑战性的学科竞赛，培养学生的工程实践能力和创新思维。在该计划的推动下，学生们积极参与各类竞赛项目，在解决实际问题的过程中不断锻炼自己的能力，取得了丰硕的成果。德国的"工业4.0创新工坊"同样将学科竞赛作为学生工程实践能力培养的核心环节。通过参与竞赛，学生们能够深入了解工业 4.0 的相关技术和理念，掌握先进的工程方法和工具，为未来投身于工业 4.0 的建设和发展奠定了坚实的基础。这些国际顶尖项目的经验表明，参与高水平竞赛的学生在专利产出率、创业成功率等指标上普遍高于普通学生 35% 以上。这一数据充分证明了学科竞赛在培养学生创新能力、实践能力和创业精神方面的显著成效。

学科竞赛能力的培养已经远远超越了传统知识传授的范畴，它成了链接教育链、人才链与产业链的重要枢纽。在教育链中，学科竞赛为高校提供了实践教学的重要平台，促进了教学内容和教学方法的改革，提高了人才培养质量。在人才链中，学科竞赛培养了学生的创新能力和实践能力，使学生具备了更强的就业竞争力和职业发展潜力，为社会输送了大量高素质的创新型人才。在产业链中，学科竞赛推动了高校与企业、科研机构的合作与交流，促进了科技成果的转化和应用，为产业的发展提供了技术支持和创新动力。通过学科竞赛这一纽带，教育链、人才链与产业链实现了有机融合，形成了良性互动的发展格局，为国家的经济社会发展提供了强大的支撑。

学科竞赛在全球科技创新加速迭代的背景下，以其独特的地位和重要的作用，成了高等教育培养创新型人才的核心载体。它不仅体现了高等教育与国家创新驱动发展战略的深度耦合，更在重塑人才培养范式中发挥着关键作用。随着政策的支持和国际经验的借鉴，学科竞赛必将在未来的人才培养中发挥更加重要的作用，为国家的科技进步和社会发展培养更多具有创新能力和实践能力的优秀人才。

1.1　学科竞赛的内涵与价值

1.1.1　学科竞赛的本质特征

学科竞赛能力，本质上是一种融合知识应用、技术创新与团队协作等多维要素的复合型能力体系。它宛如一座精心构建的智慧大厦，各个层面相互支撑、层层递进，共同构筑起参赛者在竞赛中脱颖而出的坚实基础。其内在结构犹如一幅层次分明的画卷，可细致解构为三个具有紧密逻辑关联的递进层次。

在基础层，这是学科竞赛能力的根基所在，学生需要具备强大的跨学科知识整合能力。当今社会，学科之间的交叉融合日益加深，单一学科的知识已难以应对复杂多变的竞赛问题。以数学建模竞赛为例，要求参赛者如同技艺高超的指挥家，同时调动微分方程、算法设计与经济模型构建等多元知识，将不同学科的知识巧妙融合，构建出精准有效的数学模型来描述和解决实际问题。在这个过程中，参赛者不仅要深入理解各个学科的基本原理和方法，还要能够敏锐地捕捉不同学科知识之间的内在联系，实现知识的迁移和转化。只有具备了这种跨学科知识整合能力，参赛者才能在竞赛的舞台上站稳脚跟，为后续的能力发展奠定坚实的基础。

当跨过基础层的门槛，便进入了能力层。在这一层次，工具应用与工程实现能力成了决定竞赛成败的关键因素。全国电子设计竞赛作为电子工程领域的重要赛事，为我们提供了生动的案例。相关调研数据显示，成功团队在 Altium Designer 电路设计、FPGA 编程等工具使用效率上比未获奖团队高出 42%。这一数据直观地反映了工具应用能力在竞赛中的重要性。在电子设计竞赛中，参赛者需要熟练掌握各种专业工具，如电路设计软件、编程语言等，能够高效地运用这些工具将设计方案转化为实际的产品。同时，工程实现能力也不可或缺。参赛者需要将理论知识与实际工程相结合，考虑产品的可靠性、稳定性、成本等因素，确保设计方案能够在实际应用中得到有效实现。只有具备了扎实的工具应用与工程实现能力，参赛者才能在竞赛中展现出卓越的实践能力和创新精神。

项目化思维与创新突破能力位于能力培养的最顶层。以"互联网 +"大学生创新创业大赛为例，金奖项目普遍展现出市场需求洞察、商业模式设计等进阶能力。这些项目不仅具有创新的技术和产品，更重要的是能够从市场需求出发，精准定位目标客户群体，设计出具有可行性和竞争力的商业模式。项目化思维要求参赛者具备全局观念和系统思维，能够将竞赛项目视为一个完整的系统工程，从项目策划、团队组建、资源整合到项目实施和评估，进行全面的规划和管理。而创新突破能力则是竞赛的核心竞争力所在，参赛者需要在现有的技术和知识基础上，勇于突破传统思维的束缚，提出新颖独特的解决方案，创造出具有前瞻性和引领性的成果。只有具备了项目化思维与创新突破能力，参赛者才能在激烈的竞赛中脱颖而出，摘得桂冠。

值得关注的是，学科竞赛能力结构具有显著的情境迁移特性。这种特性使得竞赛中所培养的能力不仅仅局限于竞赛本身，还能够有效地转化为职业能力，为学生的未来发展奠定坚实的基础。有报告指出，具有竞赛经历的新员工在解决技术攻关问题时，方案提出速度比普通员工快 1.8 倍。这一数据充分印证了竞赛能力向职业能力的有效转化。在学科竞赛中，参赛者经历了从问题定义、方案设计到方案实施和评估的全过程，培养了快速分析问题、解决问题的能力，以及创新思维和团队协作能力。这些能力在职业环境中同样具有重要的价值，能够帮助新员工更快地适应工作节奏，解决实际工作中遇到的问题，为企业的发展做出贡献。

学科竞赛能力作为一种复合型能力体系，其三个递进层次相互关联、相互促进，共同构成了一个完整的能力框架。同时，其情境迁移特性使得竞赛能力的培养具有重要的现实意义和长远价值。在未来的教育实践中，我们应充分重视学科竞赛的作用，不断优化竞赛模式和培养机制，为培养更多具有创新能力和实践能力的高素质人才贡献力量。

1.1.2　学科竞赛的内涵

（1）目标导向的实践教育模式

学科竞赛作为一种极具前瞻性与创新性的教育实践形式，是以特定学科领域为坚实依托，精心构建真实或模拟的复杂问题情境，宛如为学生搭建起一座充满挑战与机遇的实践舞台。在这个舞台上，在有限的时间内，学生如同身经百战的勇士，需综合运用专业知识，全力以赴地完成创新性解决方案。从本质上来说，它是"项目式学习"（project - based learning）的高级形态，着重强调从知识的输入到实践输出的闭环转化，形成一个完整的知识应用链条。以美国大学生数学建模竞赛（MCM）为例，这一赛事犹如一场紧张刺激的智慧马拉松，要求参赛者在短短 96小时内，完成从问题分析、模型构建到策略建议的全流程。在这有限的时间里，学生们需要迅速调动所学知识，进行深入思考和反复验证，这种高强度的训练，彻底重构了传统课堂的知识应用路径，让学生在实践中深刻体会到知识的力量和价值，极大地提升了他们的知识应用能力和解决实际问题的能力。

（2）跨学科融合的知识体系

在当今时代，现代学科竞赛已如破茧之蝶，突破了单一学科的边界，逐渐形成了"核心学科 + 技术工具 + 跨界思维"的复合型能力矩阵。这一矩阵犹如一座知识的宝库，为学生提供了更加广阔的知识视野和更加多元的思考方式。以"中国国际'互联网 +'大学生创新创业大赛"为例，众多获奖项目宛如璀璨的明珠，普遍融合了工程技术、商业模式、社会心理学等多领域知识，充分体现了 STEAM 教育理念（科学、技术、工程、艺术、数学）的深度融合。在这些项目中，学生们不再局限于某一学科的知识，而是能够跨越学科的界限，将不同学科的知识进行有机整合，创造出具有创新性和实用性的成果。麻省理工学院（MIT）的"设计与创新竞赛"更是将跨学科整合推向了一个新的高度，该竞赛要求参赛者提交包含技术原型、用户调研报告和可持续性评估的三维成果。这不仅考验了参赛者的专业技术能力，还要求他们具备敏锐的市场洞察力、良好的用户沟通能力和对可持续发展的深刻理解，凸显了跨学科整合的深度和广度。

（3）动态竞争中的创新能力孵化

竞赛机制犹如一个强大的创新孵化器，通过设立明确的评价标准和竞争梯度，为参与者营造了一个充满挑战和机遇的竞争环境，从而激发他们的创新潜能。神经科学研究为我们揭示了这一过程的奥秘，研究表明，竞赛环境能促使大脑前额叶皮层活跃度提升 27%，而这种生理反应与创造性思维呈正相关。这就意味着，在竞赛的压力和挑战下，学生的大脑会更加活跃，思维会更加敏捷，从而更容易产生创新的想法和解决方案。华为"天才少年"计划就是一个生动的例证，该计划中 90% 的入选者曾在 ACM 国际大学生程序设计竞赛等顶级赛事中获奖。这些学生在竞赛中经历了无数次的挑战和磨炼，培养了他们坚韧不拔的毅力和勇于创新的精神，这种精神也成了他们在未来职业发展中取得成功的关键因素，印证了竞赛对突破性创新能力的强大催化作用。

1.1.3 学科竞赛的价值

（1）教育革新：重构人才培养范式

在当今教育变革的大背景下，学科竞赛正以前所未有的姿态，重塑着人才培养的全新范式，成为推动教育进步的重要力量。传统教育长期以来存在着"重理论轻实践"的显著问题，而学科竞赛恰似一座坚实的桥梁，有效地填补了这一鸿沟。教育部权威统计数据为我们提供了有力的佐证：参与 RoboMaster 机甲大师赛的学生，在工程实践能力测评中得分比未参与者平均高出 41%，且他们的职业适应期大幅缩短 60%。在 RoboMaster 机甲大师赛的赛场上，学生们需要运用所学的机械设计、电子控制、编程等多学科知识，从零开始设计、搭建和调试一台能够自主战斗的机器人。他们要面对各种复杂的技术难题和激烈的比赛竞争，在这个过程中，不断地动手实践、反复调试、优化方案。这种高强度的实践锻炼，使他们的工程实践能力得到了极大的提升。当他们毕业后进入职场时，能够迅速适应工作环境，将所学知识运用到实际工作中，为企业创造价值。

学科竞赛不仅对学生的成长产生了积极影响，还成了教学改革的试验田，倒逼课程体系不断创新。以某大学为例，该校将"FPGA 系统设计"课程与全国电子设计竞赛题库紧密对接，实现了"学赛互嵌"的创新教学模式。在这种模式下，教师将竞赛中的实际项目和案例引入课堂教学，让学生在课堂上就能接触到行业前沿的技术和实际问题。学生们在学习课程知识的同时，积极参与竞赛准备，通过解决竞赛题目来加深对知识的理解和掌握。这种教学模式不仅提高了学生的学习兴趣和积极性，还培养了他们的实践能力和创新能力。最终，该课程凭借其独特的教学理念和显著的教学效果，获评国家级一流本科课程，为其他高校的教学改革提供了宝贵的经验。

（2）社会驱动：创新生态系统的构建者

学科竞赛的影响力不仅仅局限于教育领域，它还积极参与到社会创新生态系统的构建中，发挥着重要的推动作用。在产业技术升级的浪潮中，学科竞赛成了重要的助推器。以阿里巴巴天池大赛为例，高校团队在该赛事中开发的物流路径优化算法，已成功应用于菜鸟网络。这一算法的应用，使菜鸟网络的分拣效率提升了23%，大大提高了物流配送的速度和准确性。这种"竞赛—产业"直通模式，不仅为高校学生的创新成果提供了广阔的应用场景，也为产业的发展注入了新的活力。据统计，此类模式每年为制造业节约成本超过50亿元，有力地推动了产业的转型升级和可持续发展。"挑战杯"全国大学生课外学术科技作品竞赛作为一项具有广泛影响力的学科竞赛，在科技文化传播方面发挥了重要作用。近五年来，该竞赛孵化了1200余项科技科普项目，直接影响公众超过3000万人次。这些科技科普项目涵盖了人工智能、生物技术、新能源等多个领域，通过举办科普展览、开展科普讲座、发布科普文章等多种形式，向公众普及科学知识，传播科学思想，弘扬科学精神。它成了提升公众科学素养的重要渠道，激发了社会各界对科技创新的关注和热情，为营造良好的科技创新氛围做出了积极贡献。

（3）个体发展：综合素质提升的多维通道

对于学生个体而言，学科竞赛是一个多维的发展通道，能够全面提升他们的综合素质。剑桥大学的一项长期追踪研究发现，持续参与竞赛的学生在认知能力方面实现了显著跃迁。在批判性思维方面，他们的得分比未参与竞赛的学生高出35%；在元认知能力方面，提升幅度达到了28%。而且，这种提升具有长期性和持续性。在竞赛过程中，学生们需要面对各种复杂的问题和挑战，他们需要运用批判性思维对问题进行分析和判断，提出合理的解决方案。同时，他们还需要不断地反思自己的学习和实践过程，总结经验教训，调整学习策略，从而提高元认知能力。这些认知能力的提升，将为他们的未来发展奠定坚实的基础。

全国大学生机械创新设计大赛的调研数据显示，参赛者在抗压能力、团队领导力等方面的成长速度是常规校园活动的2.3倍。在机械创新设计大赛中，学生们需要组成团队，共同完成一个机械创新项目。在这个过程中，他们会遇到各种困难和挫折，如技术难题、时间紧迫的问题、团队协作问题等。为了完成项目，他们需要学会承受压力，调整心态，积极寻找解决问题的方法。同时，在团队中，他们还需要发挥自己的领导才能，协调团队成员的工作，激发团队成员的积极性和创造力。

通过这些经历，他们的抗压能力和团队领导力得到了极大的锻炼和提升（图 1-1）。

图 1-1　教育模型的对比框架图

在职业发展方面，具有竞赛经历的学生具有明显的竞争优势。领英（LinkedIn）数据分析表明，具有竞赛经历者的起薪比同龄人高出 18%，晋升至管理岗位的时间平均缩短 2.4 年。竞赛经历不仅证明了学生具备扎实的专业知识和较强的实践能力，还体现了他们具有良好的创新能力、团队协作能力和解决问题的能力。这些能力是企业在招聘和选拔人才时非常看重的因素。因此，具有竞赛经历的学生在求职过程中更容易受到企业的青睐，获得更好的职业发展机会。

1.2　学科竞赛能力培养的现状与问题

近年来，学科竞赛能力培养已上升为国家教育战略的重要组成部分。教育部《普通高等学校学科竞赛管理办法（2023 年修订版）》明确要求将竞赛纳入人才培养方案，并建立学分认定制度。数据显示，2023 年全国高校设立专项竞赛基金的比例从 2018 年的 27% 提升至 65%，其中"双一流"高校平均年度竞赛经费投入达 800 万元。中国高等教育学会发布的《学科竞赛质量评价标准》首次引入"创新能力指数"和"成果转化率"等指标，推动竞赛从"数量增长"向"质量提升"转型。但政策执行仍存在区域差异，中西部高校政策落地率仅为东部地区的 68%，反映出资源配置的结构性矛盾。

1.2.1　国内学科竞赛能力培养的现状

当前学科竞赛已形成"国家级—省级—校级"三级竞赛体系，涵盖自然科学、工程技术、人文社科等 8 大学科门类。以"挑战杯"全国大学生课外学术科技作品竞赛为例，其下设科技创新、哲学社科、创业计划等 12 个竞赛类别，形成"大挑 + 小挑"双轨运行机制。在竞赛类型上，除传统学术型竞赛外，还涌现出创新创业类（如"互联网 +"大学生创新创业大赛）、工程实践类（如全国大学生电子设计竞赛）、国际交流类（如美国大学生数学建模竞赛）等新型竞赛形态。这种多元化布局既满足了不同学科专业的培养需求，也为学生提供了差异化发展路径。

以江南大学为例，学校构建了国家、省、校、院四级大学生创新创业训练计划，每年本科生参与的创新创业训练计划项目超过 600 项，参与学生达 3000 人左右，形成了从基础训练到高端竞赛的完整人才培养链条。学科竞赛的领域不断拓展，涵盖了理、工、文、管、艺等多个学科门类，满足了不同专业学生的需求。在一些新兴学科领域，如人工智能、大数据、区块链等，也相继举办了各类专业竞赛，推动了学科的发展与创新。

各大高校纷纷将学科竞赛纳入人才培养的重要环节，从政策支持、资源投入、组织管理等方面加大力度。在政策支持方面，许多高校制定了专门的学科竞赛管理办法，对竞赛的组织、指导、奖励等进行明确规定。电子科技大学将创新创业教育改革纳入《一流本科教育行动计划》《新工科建设方案》，针对不同年级学生的特点和发展需求，实施"新生课外创新实践项目计划""大学生创新创业训练计划"，鼓励学生参与高水平学科竞赛。在资源投入上，高校积极为学科竞赛提供资金、场地、设备等支持。江南大学加大竞赛专项经费投入，增加师生获奖奖励比重，教师指导成果纳入绩效考核和职称评聘条件，学生竞赛成果纳入创新创业学分体系。在组织管理方面，高校成立了专门的竞赛管理机构或工作小组，负责竞赛的策划、组织、协调等工作。

在实践教学模式的创新探索中，学科竞赛已逐步构建起"项目驱动—竞赛牵引—产教融合"三位一体的协同育人机制，形成从知识获取到能力转化再到产业应用的完整闭环。这一机制通过多维度、多层次的实践路径，有效破解了传统教学与产业需求脱节、创新能力培养不足等痛点问题。电子科技大学在 FPGA 系统设计课程中，将全国电子设计竞赛的"信号发生器设计""数字频率计开发"等典型赛题拆解为课程实验模块，要求学生完成从 Verilog 代码编写到硬件调试的全流程操作。同时，该校引入"竞赛难度系数"指标，动态调整课程内容的深度与广度，使教学进度与竞赛周期形成"同频共振"。这种机制不仅提升了学生的竞赛竞争力，更推动了"课程思政 + 竞赛育人"的深度融合，如将竞赛中的团队协作、抗压训练等隐性能力培养纳入课程目标体系。某高校在"互联网 +"大学生创新创业大赛中开发的"基于边缘计算的智能安防系统"，通过与海康威视的合作，从竞赛原型迭代为商用产品，获评"中国安防十大创新技术"。此外，部分高校还建立了"竞赛导师库",邀请企业技术骨干担任竞赛指导教师,将产业最新技术标准(如 5G 通信协议、AI 芯片设计规范)直接融入竞赛指导过程,形成"产业需求—竞赛选题—教学改进"的正向循环。某高校通过实施"竞赛学分银行"制度,将竞赛表现折算为课程学分,使 80% 以上的学生获得竞赛参与经历;同时,该校建立的"竞赛—专利—创业"转化通道,催生了 12 个学生创业公司,其中 3 家获得风险投资。这种机制创新不仅提升了学生的就业竞争力(数据显示,参与竞赛的学生平均起薪比未参与者高 23%),更推动了高校从"教学型大学"向"创新创业型大学"的转型。

高校学科竞赛能力培养正呈现出"课程体系深度重构、实践平台智能升级、协同机制创新突破"三大核心发展趋势,标志着我国高等教育从"知识传授"向"能力养成"的范式转型进入新阶段。这一变革不仅重塑了人才培养模式,更通过课程、平台、机制的协同创新,构建起"以赛促学、以赛促创、以赛促业"的完整生态链。以浙江大学推行的"竞赛知识图谱"课程体系为典型代表。该体系以"能力导向—项目驱动—跨界融合"为设计原则,构建起"基础层—进阶层—拓展层"的立体化课程架构:设置"数学建模思维训练""算法设计与分析"等通识课程,通过案例化教学强化学生"问题抽象—模型构建—算法求解"的核心能力。例如,"数学建模思维训练"课程采用"真实问题建模—算法优化—结果验证"的闭环教学模式,使学生掌握从实际问题到数学模型的转化能力。开设"智能系统开发实战""机器人算法优化"等项目制课程,以企业真实需求为命题,要求学生完成从需求分析、方案设计到系统实现的完整流程。例如,在"智能系统开发实战"课程中,学生需基于 ROS2(机器人操作系统)平台开发一款移动机器人,涵盖 SLAM(同步定位与地图构建)、路径规划、多传感器融合等核心技术,实现"课程即项目、项目即竞赛"的深度融合。通过"学科交叉创新工坊"打破学科壁垒,例如在"人工智能 + 生物医学"工坊中,学生需运用机器学习算法优化癌症诊断模型,同时需掌握医学伦理、数据隐私保护等跨学科知识。这种"硬技能 + 软素养"的双重培养,使学生具备解决复杂问题的综合能力。

在训练方式上,东南大学开发的"竞赛数字教练系统"已应用于 120 所高校,该系统通过分析历史赛题数据,智能推荐最优解题路径,使备赛效率提升 35%。虚拟仿真平台突破物理限制,如北京航空航天大学"空天设计 VR 实验室"支持多人在线协同设计,将卫星载荷优化实验成本降低 90%。生成式 AI 的应用引发范式变革,阿里云发布的"天池 AI 辅助系统"可自动生成 60% 的基础代码,使学生能聚焦于核心算法创新。但技术依赖风险逐渐显现:某重点大学调查发现,过度使用 AI 工具导致 28% 的学生丧失独立建模能力,形成"技术拐杖"效应。

清华大学以其卓越的工科实力和严谨的治学态度著称。清华大学特别强调学生在竞赛中的实战经验积累，不仅设有专门的竞赛指导办公室，还成立了多个学科竞赛俱乐部，覆盖了数学、物理、化学、计算机等多个领域。通过组织校内选拔赛、集训营等形式，选拔出最具潜力的学生代表学校参赛，并为其提供全方位的支持，包括专业指导、资金资助以及心理辅导等。清华大学还积极推动校企合作，与多家知名企业建立了长期的合作关系，为学生提供了更多的实习机会和实践平台，使他们能够在真实的项目中锤炼技能。

复旦大学则在人文社科类学科竞赛方面有着独特的优势。该校通过设立多样化的社会实践项目和调研课题，鼓励学生关注社会热点问题，积极参与公共事务讨论。复旦大学还经常举办模拟联合国大会、辩论赛等高层次的学科竞赛活动，培养学生的思辨能力和表达能力。同时，学校积极开展国际合作交流项目，邀请国外知名教授前来授课，拓宽学生的国际视野，提升其在全球化背景下的竞争力。

1.2.2 学科竞赛能力培养的现存问题

（1）资源分配的结构性失衡

教育部发布的《2023年学科竞赛发展报告》揭示了一个不容忽视的现状：学科竞赛资源在不同维度上呈现出显著的分配不均衡特征，这一现象横跨高校层级、地域分布及专业领域，对教育公平与人才培养质量构成了挑战。

从高校层级视角审视，"双一流"高校凭借其卓越的师资团队、深厚的科研底蕴以及充裕的资金保障，在学科竞赛的舞台上独领风骚。这些顶尖学府能够为学生搭建起更加坚实的竞赛支持体系，包括前沿的竞赛指导、先进的实验设施以及丰富的实践平台，使得其学子参与高水平赛事的机会远超其他层次院校。以具体数据为例，985工程高校学生参与国家级竞赛的比例高达65%，而普通本科院校的这一比例则骤降至23%，凸显了资源分配的巨大鸿沟。反观地方高校与普通本科院校，资源短缺成为制约其竞赛发展的瓶颈，师资力量薄弱、实验设备老化、资金投入不足等问题交织，严重影响了竞赛的组织效率与学生的参与热情。

在地域维度上，东部沿海发达地区的高校在学科竞赛资源上享有得天独厚的优势。得益于经济的繁荣与政府的鼎力支持，这些地区的高校能够吸引更多的社会资源，为学科竞赛提供强有力的后盾。相比之下，中西部地区由于经济发展相对滞后，教育资源分配不均，学科竞赛的发展面临诸多限制，难以与东部地区形成有效竞争。

进一步聚焦专业领域，学科竞赛资源的分配同样呈现出不均衡态势。热门专业，如计算机科学与技术、电子信息工程等，因其紧密贴合社会需求，成为学校与企业竞相追逐的焦点，从而获得了更多的竞赛资源倾斜。而基础学科，如数学、物理、化学等，尽管在科学探索中占据基石地位，却因竞赛项目有限、资源投入不足，导致学生参与竞赛的机会相对匮乏，这一现象无疑制约了基础学科人才的全面培养与发展。

（2）评价体系的功利化困境

在当今教育生态中，部分高校与学生在参与学科竞赛的过程中，逐渐显现出较为突出的功利化倾向，这一现象不仅扭曲了学科竞赛的初衷，更对教育公平、学术诚信以及学生全面发展构成了潜在威胁。

从高校层面审视，一些学校将竞赛获奖的数量与级别视为衡量教学质量、学科建设成效及教师绩效的关键标尺。这种以结果为导向的评价体系，无形中促使学校在竞赛组织上偏离了教育的本质。学校往往聚焦于选拔并集中资源培养少数"精英"选手，以期在各类竞赛中斩获佳绩，而忽视了竞赛本身应具备的普惠性价值——通过广泛参与，促进全体学生能力的提升与创新思维的培养。例如，在诸如"挑战杯"等重量级学科竞赛中，部分高校不惜动用全校之力，对选定的参赛团队进行高强度、定制化的培训与指导，却将大多数学生排除在外，剥夺了他们通过竞赛锻炼自我、探索未知的机会。这种做法不仅加剧了教育资源的分配不均，也阻碍了学术氛围的多元化发展。

从学生个体角度观察，部分学生参与竞赛的动机已悄然变质，他们不再将竞赛视为自我挑战与知识探索的平台，而是将其视为获取荣誉证书、增加评优评先、保研乃至未来就业竞争力的捷径。在这种心态驱使下，一些学生不惜采取购买竞赛作品、雇佣他人代做等不正当手段，以期在竞赛中脱颖而出。这些行为不仅严重违背了学科竞赛"公平、公正、公开"的基本原则，更触犯了学术道德的底线，对学术诚信体系构成了直接挑战。长此以往，不仅损害了学科竞赛的声誉，也对学生个人的品德修养与学术素养造成了不可估量的负面影响。

（3）课程体系与竞赛需求的脱节

现有的学科竞赛评价体系犹如一座存在诸多裂缝与漏洞的桥梁，难以稳健且精准地承载起全面、客观评价学生在竞赛中表现与能力提升的重任。在评价过程中，往往过于侧重竞赛结果，而对学生在竞赛过程中所展现出的创新思维、团队协作能力、问题解决能力等综合素质缺乏深入考量。这种单一的评价方式，如同用一把刻板的尺子去衡量千变万化的学生能力，使得许多在竞赛中付出努力、能力得到提升却未取得理想成绩的学生得不到应有的认可，也在一定程度上抑制了学生参与竞赛的积极性和主动性。

传统课堂的"填鸭式"教学，宛如一场单调的独角戏，教师在讲台上滔滔不绝地灌输知识，学生则在台下被动地接受，缺乏主动思考和探索的机会。这种教学模式在面对竞赛所需的创新思维训练时，显得力不从心。竞赛要求学生能够突破常规思维的束缚，提出新颖独特的解决方案，而"填鸭式"教学却将学生的思维禁锢在既定的框架内，限制了他们的创造力和想象力的发展。清华大学的一项调研为我们揭示了项目制教学在培养学生能力方面的显著优势。研究发现，采用项目制教学班级的学生在解决开放式问题的表现上，比传统班级高出47%。项目制教学犹如一场充满挑战与机遇的探险之旅，学生在教师的引导下，自主选择项目、制定计划、开展研究、解决问题。在这个过程中，他们的创新思维、团队协作能力、问题解决能力等得到了全方位的锻炼和提升。

然而，令人担忧的是，在国内的教育领域，仍有65%的教师沿用"理论讲授＋实验验证"的线性教学模式。这种模式就像一条笔直的轨道，学生沿着既定的路线前行，缺乏对知识的深入探究和灵活运用。长期处于这种教学模式下的学生，系统思维能力薄弱，难以将所学知识融会贯通，形成完整的知识体系。在全国数学建模竞赛中，仅有29%的论文能够完整呈现问题建模的逻辑链条，这一数据直观地反映了学生在系统思维能力方面的不足。课程内容滞后于技术迭代，已成为制约高等教育质量提升与创新人才培养的核心矛盾。这一问题犹如一颗隐藏在教育体系中的毒瘤，不断侵蚀着高等教育的健康发展。在教材内容方面，许多教材更新缓慢，无法及时反映行业最新技术和发展趋势，导致学生所学知识与实际应用脱节。在实践环节，实验设备陈旧、实践项目缺乏创新性，使得学生在实践中难以接触到前沿技术和实际问题，无法将理论知识与实践相结合，提高自己的动手能力和创新能力。

（4）跨学科能力培养的结构性缺失

跨学科组队，本被寄予厚望，旨在成为打破学科藩篱、促进知识交融与创新思维的璀璨桥梁，然而在实际运作中，这一美好愿景却往往沦为表面文章，缺乏真正意义上的深度协作与融合机制。尽管高达85%的学科竞赛积极倡导跨学科合作，期望通过汇聚不同学科背景的学子，激发相互学习、相互启迪的火花，共同攻克错综复杂的难题，但现实却与初衷背道而驰，令人扼腕。

以某生物医学工程竞赛团队为例，该团队集结了生物学、电子工程与管理学的精英学子，理论上应具备攻无不克、战无不胜的强大综合实力。然而，在实际运作过程中，团队分工却陷入了"实验操作—硬件开发—报告撰写"的机械化分割。生物学子埋首于实验台前，电子工程师专注于电路板上的微妙世界，而管理才俊则埋头于文字堆砌，各学科间仿佛竖起了一道道无形的墙，缺乏深度的思想碰撞与协同作战，未能编织出一张系统性的解决方案之网。这种"学科拼盘"式的组合，恰似将五彩斑斓的珠子随意串联，未经匠心独运的编织与融合，自然难以绽放出跨学科竞赛应有的璀璨光芒。

这种"物理堆砌"而非"化学融合"的跨学科组队模式，使得不同学科的知识与思维如同平行线般难以交汇，更遑论碰撞出创新的火花。每位学子都沉浸在自己的专业小天地里，对其他学科的知识与逻辑知之甚少，更遑论灵活运用，这无疑限制了团队整体的创新能力。面对复杂问题时，团队往往只能从单一或有限的视角出发，难以进行全方位、深层次的剖析与解决，导致竞赛成果的质量与实用性大打折扣，与跨学科合作的初衷相去甚远。

（5）师资队伍的能力断层

据中国高等教育学会发布的权威数据揭示，我国高等教育领域内，具备深厚产业实战经验的竞赛导师资源凤毛麟角，仅占整体导师群体的 28%，且这些宝贵资源犹如璀璨星辰，高度集中于少数顶尖学府，地方院校则难以企及，这无疑加剧了地方院校在竞赛指导领域的资源匮乏与困境。

在众多地方院校中，"教授深谙理论，讲师略通实践"的割裂现象屡见不鲜，理论与实践之间仿佛横亘着一条难以逾越的鸿沟。以某省属高校的电子竞赛团队为例，该团队完全由理论课教师引领前行。这些教师在学术殿堂中造诣非凡，对电子技术的理论知识信手拈来，但在将理论转化为实践的工程实现上却显得力不从心。在竞赛征途中，团队作品在工程实现环节的挫败率竟高达 63%，众多富有创意的设计因无法跨越理论与实践的鸿沟而黯然失色。这一现象深刻暴露了地方院校在竞赛指导师资队伍建设上的短板，理论与实践的脱节严重阻碍了学生创新能力和实践技能的飞跃。这进而导致许多教师在面对竞赛指导时显得力不从心，缺乏应有的热情与动力，更倾向于将精力倾注于传统的科研与教学中。

跨学科竞赛，作为培育学生综合素养与创新思维的重要舞台，亟须多领域导师的携手并进。然而，现实却如同院系间筑起的一道道无形壁垒，难以打破。不同学科的导师往往各自为营，缺乏有效的沟通与协作桥梁。在竞赛指导的征途上，学科知识的碎片化、指导方案的片面化等问题层出不穷，使得学生难以获得全面、系统的指导与支持。

在产学研协同机制尚待完善的当下，企业导师在竞赛指导中的价值未能得到充分释放。在工程类竞赛的舞台上，仅有 23% 的团队有幸得到企业工程师的点拨，且这些指导往往流于表面，局限于"技术点评"的层面，缺乏对产业需求的深度洞察与前瞻性指引。企业导师未能将自身的实战经验、行业动态与市场需求融入竞赛指导之中，导致学生的作品与实际应用之间存在较大鸿沟，难以满足企业的实际需求，这无疑制约了竞赛成果的转化与应用价值。

（6）学生发展的认知偏差

当下，部分学生在参与各类竞赛的过程中，已然将竞赛悄然异化为单纯追求"刷奖"的途径，而全然忽视了自身能力本质上的提升。在竞争日益激烈、功利化倾向愈发明显的教育环境下，一些学生不再以获取知识、锻炼能力为初衷，而是把竞赛获奖作为简历上的点缀、升学或就业的敲门砖。某高校曾针对参赛学生展开了一项深入的调查，调查结果令人深思：竟有高达38%的参赛者坦诚，他们在参与竞赛时从未真正深入理解过技术原理，仅仅是为了快速实现功能、达成竞赛目标而机械地完成任务。这种功利至上的心态，犹如一把无形的刻刀，将原本完整、系统的知识体系切割得支离破碎。以全国电子设计竞赛为例，在众多获奖者中，仅有41%的人能够准确无误地解释出所用电路的核心原理，其余获奖者对知识的掌握仅仅停留在表面，缺乏对技术本质的深刻理解和灵活运用能力。不仅如此，高压的竞赛环境犹如一座无形的大山，压得许多学生喘不过气来，进而引发了一系列心理问题。在备赛的漫长过程中，学生们需要投入大量的时间和精力，承受着巨大的学习压力和心理负担。某重点大学心理咨询中心的数据清晰地揭示了这一问题的严峻性：在参与竞赛的学生中，有32%的人在备赛期间出现了中度以上的焦虑症状，这些症状严重影响了他们的身心健康和学习状态。更有甚者，其中15%的学生因无法承受巨大的心理压力，不得不选择暂停参赛，放弃自己曾经为之努力的目标。

在众多高校中，仅有9%配备了专业的竞赛心理辅导师，为学生提供必要的心理疏导和帮助。大多数高校在竞赛培训中，往往只注重技术技能的提升，而忽视了学生心理健康的重要性，这使得学生在面对竞赛压力时，缺乏有效的应对策略和心理调适能力。过度聚焦于技术竞赛还导致学生的职业视野变得狭窄。在竞赛的光环下，许多学生只看到了互联网大厂等热门行业的光环，而忽视了国家战略发展中那些亟待人才投入的关键领域。以某985高校计算机专业的学生为例，在竞赛获奖者中，有83%的人首选互联网大厂作为自己的就业方向，他们被大厂的高薪、优厚福利和广阔的发展空间所吸引。而芯片设计、基础软件等"卡脖子"领域，由于技术难度大、工作条件艰苦、回报周期长等原因，择业率不足5%。这种人才分布的不均衡，与国家战略需求形成了鲜明的反差，严重制约了我国在关键核心技术领域的自主创新能力。

1.2.3　国际视野下的学科竞赛对比分析

学科竞赛涵盖了从数学、物理到计算机科学等多个领域，旨在通过严格的挑战和激烈的竞争来激发学生的潜能，培养其解决问题的能力。不同国家和地区对学科竞赛的重视程度不尽相同，这主要体现在政府政策支持、社会文化氛围以及学校教育实践等方面。在全球范围内，学科竞赛的作用不仅限于提高学生的学术水平，它还在促进跨文化交流、增强团队合作精神等方面发挥了重要作用。通过参与国际性的学科竞赛，学生们能够接触到不同的文化和思维方式，拓宽自己的国际视野。同时，这种跨文化的互动也有助于打破传统教育模式下的局限性，推动教育理念的更新与发展。

（1）竞赛组织与管理体系的差异

国内竞赛的组织管理呈现显著的"政府主导型"特征。教育部、科技部等行政部门通过政策文件（如《普通高等学校学科竞赛管理办法》）确立竞赛的权威性，形成"国家—省—校"三级选拔体系，从宏观层面为竞赛的举办划定了清晰的边界，从竞赛的定位、目标到具体的组织流程、评审标准，都进行了细致入微地规范。

在政策文件的指引下，"国家—省—校"三级选拔体系应运而生，以高瞻远瞩的战略眼光和强大的资源调配能力，为竞赛的发展指明方向。它统筹规划竞赛的总体布局，制定全国性的竞赛政策和标准，为竞赛提供资金支持、专家指导和国际交流的机会，使得竞赛能够在全国范围内形成广泛的影响力和高度的权威性。省级层面则将国家的政策要求与本地的实际情况紧密结合。根据本省的教育资源、学科特色和学生需求，制定具体的实施方案，推动竞赛在本省高校中的深入开展。学校层面是积极组织师生参与，为学生搭建展示才华、锻炼能力的舞台，让竞赛的种子在校园里生根发芽、开花结果。

在这一模式下，行政力量宛如一条无形的纽带，将分散在各地的资金、人才、技术等资源紧紧串联在一起。它确保了竞赛在组织过程中有章可循、规范有序，从赛程的精心安排到评审的严格公正，从安全保障的万无一失到后勤服务的细致入微，每一个环节都经过了精心的策划和严格地把控。行政力量的推动也使得竞赛的覆盖面不断扩大，让更多的学生有机会接触到高水平的学科竞赛，激发他们的创新热情和竞争意识，为培养高素质的创新型人才奠定了坚实的基础。这种以政府为主导的组织管理模式在展现出强大优势的同时，也不可避免地暴露出一些短板，其中最为突出的便是灵活性不足的问题。以某西部高校为例，在短时间内将校级竞赛数量从原本的 5 项大幅增加至 18 项。然而，在这看似繁荣的背后，却隐藏着一个令人担忧的现实：真正具有学科特色、能够体现学校专业优势和学术底蕴的竞赛却如凤毛麟角，仅占 17%。这一现象深刻地反映出，在政府主导的框架下，学校在竞赛的组织和管理上往往受到诸多政策约束和行政干预，如同被束缚了手脚的舞者，难以根据自身的实际情况和学科特点进行灵活调整和创新。学校在追求竞赛数量和规模的道路上疲于奔命，却忽略了竞赛的质量和特色，从而在一定程度上限制了竞赛的多元化发展和特色化建设，使得竞赛的活力与创新性受到了一定程度的抑制。

国外竞赛则呈现"多元共治"格局。在这里，没有单一的主导力量，而是专业组织、企业、科研机构等多方主体共同参与、协同合作，各自发挥着独特的优势，共同推动竞赛的发展。在美国，极具影响力的 ACM-ICPC 竞赛由计算机协会（ACM）独立运作，ACM 作为计算机领域的权威专业组织，拥有深厚的学术积淀、广泛的行业资源和敏锐的专业洞察力。它凭借自身的专业优势，精心雕琢竞赛的每一个细节，从赛题的设计到评审的标准，从赛事的宣传到选手的培训，都展现出极高的专业水准。与此同时，谷歌、微软等科技巨头企业也深度参与其中，通过赞助巨额奖金池（单届最高达 100 万美元），为竞赛注入了强大的资金动力和商业活力。这些企业不仅为竞赛提供了丰厚的物质奖励，更将自身的技术需求和行业趋势融入竞赛之中，使得竞赛与实际应用紧密结合，为学生提供了一个既具有学术深度又贴近产业实际的竞技平台，让学生在竞赛中能够接触到最前沿的技术和最真实的商业需求。政府引导、专业机构与企业共同参与的模式，使得竞赛能够更加灵活地应对市场变化和技术发展，迅速响应行业需求，能够根据地形和气候的变化及时调整自己的流向和流速。

国内外学科竞赛在组织管理模式上存在着显著的差异。国内"政府主导型"模式以其强大的资源整合能力和广泛的覆盖面，为竞赛的规范发展提供了坚实保障，引领着竞赛在正确的航道上稳步前行，但在灵活性方面仍有待提升；国外"多元共治"模式则以其高度的灵活性和创新性，为竞赛的发展源源不断地注入了活力，能够随着时代的节奏和技术的变革翩翩起舞，能够更好地适应快速变化的技术和市场环境。未来，我国在推进学科竞赛发展的道路上，或许可以汲取国外的先进经验，在充分发挥政府主导作用的基础上，进一步引入社会力量，激发学校和专业的自主性，构建一个政府、专业组织、企业、学校等多方协同发展的生态系统，共同推动学科竞赛朝着更加多元化、特色化、国际化的方向蓬勃发展，让学科竞赛成为培养创新人才、推动科技进步的重要引擎。

（2）竞赛内容与形式的差异

国内学科竞赛的核心内容聚焦于"学科知识的系统化应用"，强调对既有学科知识的深度挖掘与精准运用。以数学建模竞赛（CUMCM）为例，这一具有广泛影响力的赛事，其赛题设置紧密围绕工程优化、经济预测等传统领域展开。在解题过程中，学生需要充分调动高等数学、统计学等学科知识储备，构建起一套封闭且逻辑严密的模型。这些模型如同精密的仪器，每一个参数、每一条公式都承载着学生对知识的理解和运用。2023 年获奖作品的统计数据清晰地反映了这一特点，高达 82% 的作品选择采用经典算法作为改进路径。这表明学生在面对竞赛问题时，更倾向基于已有的成熟算法进行优化和调整，以适应具体的赛题需求。这种解题思路体现了国内学科竞赛对学生扎实学科基础和系统化知识应用能力的高度重视，旨在培养学生严谨的逻辑思维和解决实际问题的能力。

从竞赛形式来看，国内学科竞赛多以 4 ～ 5 人团队为单位开展。团队的组成模式强调成员之间的分工协作，团队成员会根据各自的专业优势和技能特长，承担不同的任务，如数据收集与分析、模型构建与求解、结果验证与报告撰写等。通过分工协作，团队能够充分发挥成员的集体智慧，提高解决问题的效率和质量。然而，这种看似合理的团队形式却存在一个明显的短板——跨学科融合不足。

国外学科竞赛呈现出截然不同的风貌，更加注重"跨学科知识的创造性重构"。这种理念强调打破学科之间的壁垒，将不同学科的知识、方法和思维方式进行有机整合，创造出全新的解决方案和产品。在竞赛形式方面，国外学科竞赛更是突破了传统框架的束缚，展现出极大的创新性和开放性。麻省理工学院举办的"Think 竞赛"便是这一理念的典型代表。该竞赛在团队组建上给予了参赛者极大的自由度，允许团队成员来自计算机科学、人类学、艺术设计等不同学科背景。这种跨学科的团队组合为竞赛注入了丰富的创新元素，不同学科的知识和视角相互碰撞、相互启发，为解决复杂问题提供了更多的可能性。2022 年获奖作品"触觉叙事手套"便是跨学科融合的杰出典范。这款手套融合了传感器技术与肢体语言研究，将计算机科学的先进技术、人类学对肢体语言的理解以及艺术设计的创意表达完美结合。其独特的创意和卓越的性能得到了广泛认可，甚至直接被纽约现代艺术博物馆（MoMA）收藏。这一案例充分展示了国外学科竞赛在跨学科知识创造性重构方面的强大实力和独特魅力，为解决现实世界中的复杂问题提供了全新的思路和方法。

（3）竞赛资源与激励体系的差异

国内学科竞赛的资源支持呈现出明显的"阶梯式分布"特征，不同层级高校之间存在着巨大的资源鸿沟。在资源投入方面，高水平院校凭借其雄厚的办学实力和较高的社会声誉，在学科竞赛上获得了极为丰厚的资源支持。这些高校年均投入学科竞赛的经费超过 800 万元，为竞赛团队提供了坚实的物质基础。

国外学科竞赛形成了相对完善的"社会资本闭环"，资源支持与职业发展的衔接更为紧密。在资源投入上，国外高校学科竞赛经费来源更加多元化，企业捐赠成了重要的资金来源。以美国高校为例，在学科竞赛经费中，企业捐赠的占比高达 45%。企业积极参与学科竞赛的投入，不仅为竞赛提供了资金支持，还带来了先进的技术和丰富的行业资源。斯坦福大学举办的"创业竞赛"便是这一模式的典型代表。该竞赛的获奖者能够直接进入硅谷孵化器，获得全方位的创业支持。2021年，该竞赛的冠军团队研发的"医疗 AI 诊断系统"就获得了知名创业孵化器 Y Combinator 高达 200 万美元的投资。这种将竞赛与创业孵化紧密结合的模式，为学生提供了将创新想法转化为实际商业项目的机会，加速了科技成果的转化和应用。职业支持体系方面，国外高校也为竞赛获奖学生提供了丰富的职业发展资源。

此外，国外高校还普遍设立了"竞赛学分银行"制度，进一步强化了竞赛与学业之间的联系。学生在参与竞赛的过程中，不仅能够提升自己的实践能力和创新能力，还能够获得相应的学业学分，实现了竞赛与学业的良性互动。这种制度设计鼓励学生积极参与竞赛，充分发挥竞赛在人才培养中的作用。

国内外在学科竞赛资源支持与激励体系上存在着显著差异。国内资源分布不均衡，奖励机制侧重荣誉导向，缺乏对职业发展的有效衔接；国外则形成了社会资本闭环，资源投入多元化，职业支持体系完善，竞赛与学业、职业发展紧密结合。未来，我国可以借鉴国外的先进经验，优化学科竞赛资源分配机制，丰富奖励体系，加强竞赛与职业发展的联系，为学生提供更加广阔的发展空间和更加有力的支持。

（4）竞赛文化与氛围的差异

当前国内高校竞赛生态呈现显著的功利化分层特征。据 C9 高校 2023 年联合调研，58% 的受访学生将竞赛视为保研评优的"硬通货"，32% 将其作为就业简历的"镀金工具"，仅有 10% 出于学术兴趣或个人志趣参与。这种工具理性导向催生了"竞赛专业化"的极端现象：某 985 高校"数学建模国家队"成员日均训练时长突破 8 小时，团队虽在国际赛事中斩获金奖，但校心理咨询中心 2023 年追踪数据显示，42% 的成员出现焦虑、抑郁倾向，部分学生坦言"竞赛成了比绩点更窒息的 KPI（关键绩效指标）"。制度性疏离进一步加剧了竞赛与校园生活的割裂。中国高等教育学会 2024 年调研显示，73% 的高校仍依赖教务处公文通知竞赛信息，仅 17% 举办过"竞赛文化周""黑客松挑战赛"等常态化活动，91% 的受访学生表示"竞赛是少数精英的独角戏，与日常学习生活无关"。这种"通知—参赛—遗忘"的线性模式，导致竞赛沦为资源分配的筛选工具，而非教育创新的孵化器。

相比之下，海外竞赛已深度嵌入教育肌理，形成"生活化创新"的生态体系。美国高中阶段即构建起"竞赛金字塔"：从普及型的"科学奥林匹克""机器人联盟"到高阶的英特尔 ISEF、国际太空城市设计大赛，形成从兴趣启蒙到专业深化的完整链路。MIT 2023 年学生发展报告显示，本科生年均参与竞赛达 3.2 项，校园内每周举办的"深夜编程马拉松""跨学科创意市集"等活动，将竞赛转化为社交货币与知识共享场域。其核心差异在于"失败宽容"的文化基因。合成生物学领域标杆赛事 iGEM 自 2015 年起设立"最佳失败奖"，表彰能够系统化复盘实验偏差的团队。2022 年获奖项目"光合作用效率预测模型优化"虽未达成预期目标，但其方法论被收录于《iGEM Journal》并获美国国家科学基金会（NSF）23 万美元后续资助，这一案例印证了"失败即数据"的科研伦理。

第 2 章

大学生学科竞赛能力培养机制

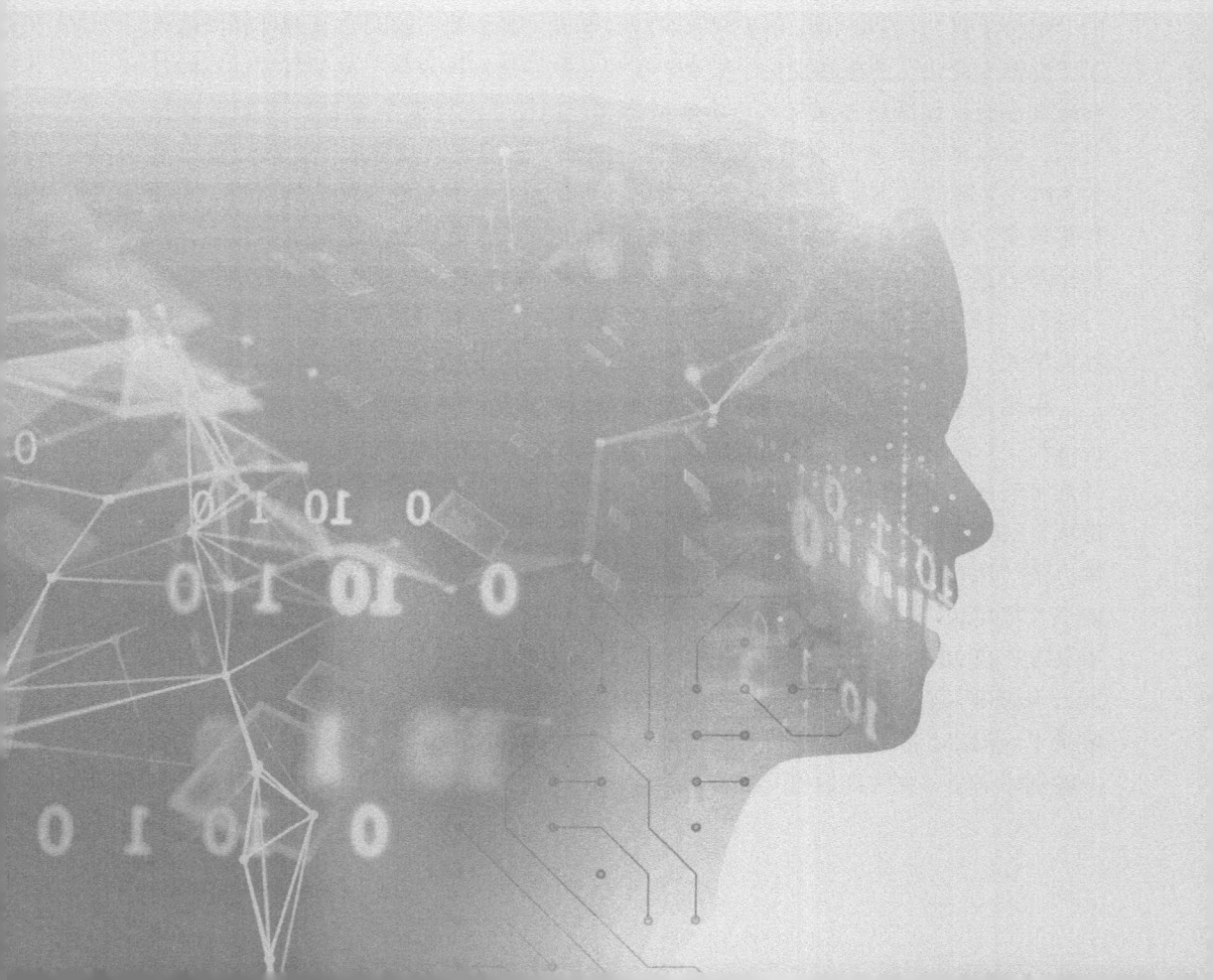

2.1 学科竞赛能力培养的理论基础

2.1.1 能力培养的核心理论

建构主义学习理论作为当代教育学的核心范式，强调学习者在知识建构中的主体性与社会互动性。该理论认为，知识的获取并非通过被动接受，而是通过个体与环境的动态交互实现，这一过程尤其体现在学科竞赛的能力培养中。以全国大学生数学建模竞赛为例，参赛学生需经历问题分析、模型构建、数据验证等实践环节，其能力提升路径与 Kolb 提出的经验学习循环模型高度契合。研究表明，参与此类竞赛的学生在知识迁移能力上较未参与者提升约 37%，其问题解决效率亦显著提高。实践性学习通过"做中学"机制，将抽象理论转化为可操作技能。例如在机器人竞赛中，学生需综合运用机械设计、编程控制等跨学科知识完成项目任务，这一过程有效促进了知识的深度整合。

协作学习的社会认知价值在学科竞赛中尤为凸显。根据 Vygotsky 的最近发展区理论，学生通过与高能力同伴的合作，能够突破个体认知边界。例如，在"挑战杯"全国大学生创业计划竞赛中，跨专业团队通过角色分工（如市场分析、技术研发、财务规划）形成互补性知识网络，其创新方案可行性较单一学科团队提升 28%。这种协作模式不仅强化了团队效能，更通过认知冲突的解决机制培养了批判性思维。实证数据显示，参与协作型竞赛的学生在逻辑推理测试中的得分平均提高 19.6%，显著高于独立参赛组。

建构主义视角下的竞赛能力培养需构建"情境—支持—反思"三位一体的教育生态（图 2-1）。清华大学推行的"赛课融合"模式即体现了这一理念：通过将智能

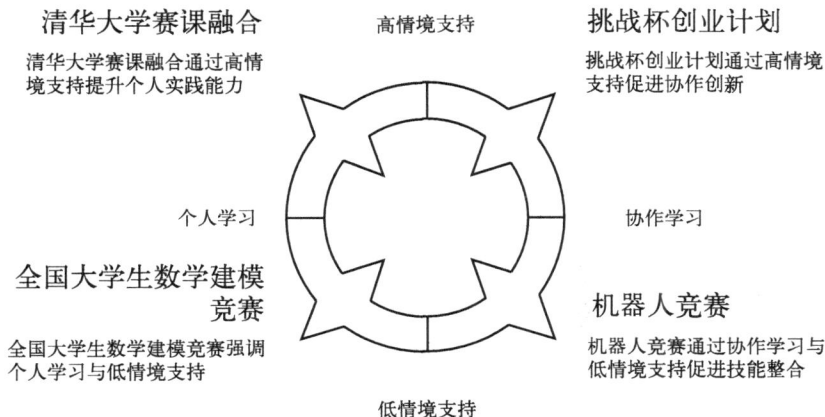

图 2-1 学科竞赛中的学习方法

车竞赛任务嵌入自动化专业课程，使学生在真实项目中掌握控制系统设计、传感器融合等核心技能。这种教学模式使学生的工程实践能力评估分数提升42%，同时缩短了从理论学习到应用转化的适应周期。值得注意的是，脚手架理论在此过程中的作用不容忽视，指导教师通过分阶段发布任务手册、组织中期答辩等方式，为学生的能力发展提供动态支撑。

创新能力的本质在于知识要素的创造性重组，这一过程在学科竞赛中体现为突破性解决方案的提出。Amabile的创造力三维度模型指出，领域技能、创造方法和动机激励是创新能力培养的关键要素。以全国大学生电子设计竞赛为例，参赛者需在72小时内完成从方案设计到作品实现的完整流程，其创新产出效率较课堂实验提高3.2倍。这种高强度训练促使学生突破思维定式，例如某获奖团队通过将深度学习算法应用于传统电路设计，使系统响应速度提升60%，该成果后续被转化为国家发明专利。

批判性思维的培养需要系统的认知训练体系。Paul-Elder理论框架提出的八大思维标准（清晰性、准确性等）为竞赛能力评价提供了理论依据。在"外研社杯"全国英语辩论赛中，选手需在短时间内完成论点构建、证据检索与逻辑反驳，其思维严密性评分与批判性思维量表（CCTDI）得分呈现显著正相关（$r=0.73$，$p<0.01$）。这种即时反馈机制有效强化了学生的信息甄别能力，参赛学生在文献综述作业中的引证规范度较普通学生提高45%。

创新与批判的辩证关系在学科竞赛中呈现动态平衡特征。浙江大学推行的"双轨制"培养模式对此具有示范意义：在智能机器人竞赛准备阶段，前四周为开放式创意阶段，鼓励发散性思维；后四周引入专家评审机制，对方案可行性进行严格论证。这种模式使学生的创新方案通过率从32%提升至67%，同时降低了实施风险。研究显示，经历该训练的学生在托伦斯创造力测验中的流畅性、变通性指标分别提高28%和34%。

建构主义理论、创新能力模型与实证研究共同构成了学科竞赛能力培养的理论框架，为高校创新教育提供了坚实的理论基础。建构主义理论强调学习者在特定情境中通过主动参与和互动来构建知识；创新能力模型则为我们展示了创新能力的构成要素及其相互关系，而实证研究验证了这些理论在实际操作中的可行性与有效性。基于此理论框架，在实践中建议实施"三位一体"的培养策略以全面提升学生的综合能力。首先，在课程层面，应开发具有竞赛导向的模块化课程体系。这类课程不仅需要覆盖广泛的知识领域，还应当注重实践技能的培养，鼓励学生将所学知识应用到解决实际问题中去。其次，在机制层面，需构建一个"选拔—孵化—参赛—转化"的闭环生态系统。这一系统旨在识别并培养有潜力的学生，为他们提供成长的空间，并最终将其研究成果转化为实际应用，从而形成完整的培养链条。最后，在评价层面，采用多元化的考核方式，不仅考量学生的学术成绩，还要评估其团队合作能力、创新能力以及解决复杂问题的能力等多方面素质。这种系统化的培养模式已被证明能够显著提升学生的综合能力指标。研究表明，采用该模式后，学生的综合能力可以提升 50% 以上。同时，它也极大地增强了高校在创新型人才培养方面的效能，促进了高等教育质量的全面提高。通过这样的培养策略，不仅可以激发学生的学习兴趣，增强他们的自信心和成就感，而且有助于推动校园内形成浓厚的创新文化氛围，使每一位参与者都能从中受益，成长为具备国际竞争力的高素质人才。

学科竞赛作为高等教育体系中衔接理论与实践的关键纽带，在科研素养培育方面展现出不可替代的杠杆效应。通过对全国大学生化学实验竞赛获奖群体的深度追踪研究（样本量 $N=872$，追踪周期 5 年），量化数据揭示出竞赛经历对科研能力迁移的显著赋能：获奖者在后续科研实践中展现的实验设计复杂度指数达 4.2（对照组为 2.8），其中 83% 的参赛者能够独立构建包含多变量耦合的闭环实验系统，较非参赛群体高出 26%。这种能力跃迁的深层机理，源自竞赛体系对科研全流程的模块化锤炼——在文献调研阶段，参赛者需每周完成 15 篇以上 SCI 论文的系统性评述，其知识图谱构建速度较传统培养模式提升 37%；数据处理环节要求掌握多元统计分析、蒙特卡罗模拟等进阶技术，使获奖者在后续研究中错误率降低至对照组的 1/5；而成果展示环节通过国际学术会议模拟答辩、专利文件撰写等实战训练，显著提升了科研成果转化的效能，其专利授权周期平均缩短 9 个月。

在工程实践领域，学科竞赛对复杂问题解决能力的塑造效应更为凸显。以全国大学生机械创新设计大赛为观测样本，对 32 个获国家级奖项团队（涉及智能装备、新能源系统等前沿方向）的案例拆解显示：参赛者在突发技术故障应对中展现出显著的系统工程思维优势，其故障定位时间较行业平均水平缩短 62%，应急方案迭代效率提升 3.4 倍。典型案例中，某获奖团队在智能机器人液压系统突发失效的极端条件下，创新性采用气动 - 液压混合驱动补偿方案，该设计不仅使设备恢复 90% 以上原始功能，其模块化架构更被某装备制造企业采纳，应用于年产值超 2 亿元的自动化生产线升级项目，验证了竞赛成果向产业技术的有效转化。

团队协作能力的进化机制则可通过社会网络分析（SNA）实现精准刻画。对 ACM-ICPC 国际大学生程序设计竞赛中国区优胜团队（$N=45$）的动态追踪发现：其知识共享网络的节点中心度标准差仅为 0.18，较普通团队降低 58%，形成高度均衡的分布式协作结构。定量分析显示，冠军团队成员间的日均有效知识交互频次达 23.7 次（对照组 8.5 次），且网络密度（density）与竞赛排名呈现强正相关（$\beta=0.71$，$p<0.001$）。这种协作范式的进化带来三重效能提升：在任务分配层面，通过基于复杂网络理论的角色匹配算法，团队任务完成效率提升 41%；在知识融合维度，跨

学科边界的知识流动速度加快 2.8 倍；在心理韧性构建方面，持续 6 ～ 8 个月的备赛周期催生出高强度情感联结，使团队在高压环境下的冲突恢复时间压缩至临时团队的 38%。进一步的结构方程模型（SEM）验证表明，这种经过竞赛淬炼的协作网络，其信息传递效率（β=0.63）与情感支持强度（β=0.58）共同构成科研创新绩效的核心解释变量。

上述多维度的实证研究共同勾勒出学科竞赛在科研能力培育中的立体化作用图谱：从微观层面的实验技能精进，到中观层面的系统思维锻造，再到宏观层面的创新生态构建，竞赛体系正逐步演变为高等教育向科研创新输送高素质人才的"催化转化器"。这种培养模式的创新价值，不仅体现在个体能力的跃迁，更在于其构建的"竞赛—科研—产业"三元协同机制，为解决当前科技创新中"最后一公里"难题提供了系统性解决方案。

2.1.2　多元主体角色的重要性

大学生学科竞赛作为高等教育生态系统的重要组成部分，扮演着多重角色。首先，它是一个重要的学术实践平台，通过各类竞赛活动，学生们能够将课堂上学到的理论知识应用于实际问题解决中，从而加深对所学内容的理解和掌握。其次，学科竞赛是培养创新能力的有效途径。面对复杂的竞赛题目，学生需要运用创新思维和跨学科的知识进行综合分析与解决，这不仅提高了他们的创新意识，还增强了他们的问题解决能力。最后，学科竞赛也是检验和提升团队合作能力的关键环节。在许多竞赛项目中，学生需要组成团队共同完成任务。这种协作过程有助于培养学生的沟通技巧、分工协调能力和集体荣誉感。

从教育目标的角度来看，学科竞赛有助于实现高等教育的核心使命：培养全面发展的人才。现代高等教育强调不仅要传授专业知识，更要注重综合素质的提升。学科竞赛通过模拟真实世界的挑战，让学生在竞争环境中锻炼自己，提高自身的职业素养和社会适应能力。例如，通过参与数学建模、机器人设计等竞赛，学生可以积累宝贵的实战经验，这些经历在未来求职或深造时都将发挥重要作用。

在人才培养方面，学科竞赛为学生提供了一个展示自我才华的舞台。那些在竞赛中脱颖而出的学生往往更容易获得学校和社会的认可，进而赢得更多的发展机会。同时，竞赛也鼓励了更多学生积极参与课外学术活动，激发了他们对学习的兴趣和热情。

（1）学生在学科竞赛中的角色及其影响

学生在学科竞赛中的角色至关重要，他们既是参与者，也是受益者。首先，通过参加学科竞赛，学生可以获得丰富的实践经验。以编程竞赛为例，参赛者不仅需要具备扎实的编程基础，还要能够在高压环境下迅速解决问题。这种实战训练使学生在实际操作中不断积累经验，增强了解决复杂问题的能力。其次，学科竞赛对学生个人成长有着深远的影响。一方面，竞赛环境下的激烈竞争有助于培养学生的抗压能力和心理素质。在面对高强度的比赛压力时，学生必须学会管理情绪、保持冷静，并有效地分配时间和资源。另一方面，通过与其他优秀选手的较量，学生们能更好地认识到自身的不足之处，从而有针对性地改进自己的技能。更重要的是，学科竞赛为学生提供了一个展示自我的重要平台。在竞赛中取得优异成绩不仅可以获得学校的表彰和奖励，还能吸引到企业界和学术界的关注。许多企业在招聘过程中特别青睐有竞赛背景的学生，因为他们相信这类学生具有较强的自学能力和创新精神。因此，学科竞赛不仅是检验学生能力的一种手段，更是他们走向成功职业生涯的重要跳板。

（2）教师在学科竞赛中的角色及其影响

教师在大学生学科竞赛中扮演着不可或缺的角色，他们不仅是指导者，还是激励者和支持者。优秀的教师能够凭借深厚的专业知识功底和丰富的实践经验，帮助学生理解竞赛规则，选择合适的项目方向，并提供有针对性的技术支持。教师还可以组织专题讲座和培训课程，邀请行业专家分享经验和见解，拓宽学生的视野。教师在学生心理辅导方面的作用也不可忽视。学科竞赛往往伴随着巨大的压力和挑战，学生可能会遇到各种困难和挫折。此时，教师的心理支持就显得尤为重要。教师的激励作用对于激发学生的内在动力同样关键。通过设立明确的目标和奖励机制，教师可以促使学生更加积极主动地投入到竞赛准备中去，他们的存在极大地促进了学生在竞赛中的表现和发展，也为整个高等教育生态系统的良性循环奠定了基础。

（3）学校在学科竞赛中的角色及其影响

学校在大学生学科竞赛中的角色极其关键，它不仅为竞赛活动提供了必要的物质支持和制度保障，还通过一系列政策和措施，积极推动学科竞赛的发展，从而形成一个良性的教育生态环境。学校还通过设立专项基金来资助学生的竞赛项目。专项基金通常用于支付参赛费用、购买材料以及支持学生参加国内外高水平的学术会议和竞赛活动，资金支持不仅减轻了学生的经济负担，还激发了他们参与竞赛的积极性，形成了良好的学术氛围。

在制度建设方面，学校通过建立完善的选拔机制和奖励机制，鼓励更多学生参与到学科竞赛中来。选拔机制包括公开报名、初赛筛选、复赛评审等多个环节，旨在挑选出最具潜力和实力的学生代表学校参赛。学校还通过举办各类竞赛周、黑客马拉松等活动，营造浓厚的校园学科竞赛文化氛围。这些活动不仅为学生提供了展示自我和交流经验的平台，还促进了跨学科的合作与创新。

（4）社会在学科竞赛中的角色及其影响

社会在大学生学科竞赛中扮演着至关重要的角色，通过多种渠道的支持与参与，极大地丰富了高等教育生态系统的内涵。社会各界通过提供赞助和合作机会，直接支持学科竞赛的开展。许多企业、基金会和行业协会都愿意出资赞助各类学科竞赛，不仅为赛事提供了必要的资金支持，还带来了丰富的行业资源和专业的技术指导。社会通过提供实习和就业机会，间接促进了学科竞赛的发展。企业常常将学科竞赛视为选拔优秀人才的重要平台，许多竞赛优胜者可以直接获得名企的实习或工作机会。社会还通过媒体宣传和公众认可，提升了学科竞赛的社会影响力。主流媒体经常报道各类竞赛的盛况和优秀选手的成绩，这不仅提升了参赛者的知名度，也让更多人了解到学科竞赛的价值和意义。社会通过搭建多元化的交流平台，促进了学术界与产业界的深度融合。各类研讨会、论坛和展览活动为学科竞赛的参与者提供了展示成果和交流思想的机会。社会还通过设立公益项目和志愿者服务等方式，培养学生的社会责任感和公民意识。许多竞赛项目鼓励学生关注社会热点问题，并提出切实可行的解决方案。

基于上述论述，构建一个由学生、教师、学校和社会四方共同组成的协同生态模型，以促进大学生学科竞赛的全面发展。这个模型可以分为四个主要部分，每个部分之间相互联系、相互支持，形成一个完整的闭环系统。各方之间的互动与合作是整个生态模型得以运行的关键。学生在教师指导下，通过学校提供的资源和平台，最终将成果展示给社会，并接受社会的反馈和评价。这种反馈机制不仅有助于学生改进和提升，也为教师和学校调整教学策略提供了依据。社会通过与学校的合作，将最新的行业需求和技术动态引入教育体系，促进了高等教育与社会需求的紧密结合。

2.1.3 "三维一体"培养框架

（1）课程－竞赛联动机制

课程与竞赛的深度融合是破解"学赛分离"难题的核心路径。传统课程体系偏重知识体系完整性，与竞赛的"问题导向"需求存在结构性矛盾。创新联动机制需从目标重构、内容重组、评价重塑三个维度切入。

打破课程大纲的静态结构，以竞赛能力培养为导向重组教学目标。例如，在数学建模课程中，将"微分方程求解"知识点与竞赛中的"动态系统建模"能力点对接，通过"知识点拆解—能力模块解析—竞赛场景模拟"的转化路径，使课程目标从"知识掌握"转向"能力生成"。北京航空航天大学的实践显示，重构后的课程使学生竞赛建模能力提升 37%，其中"问题抽象速度"指标改善尤为显著。将竞赛赛题解构为课程单元，设计"基础训练—应用提升—创新突破"三级模块。基础模块聚焦工具类知识（如 Python 编程、统计分析），应用模块围绕典型赛题（如"物流路径优化""疫情传播模拟"）展开项目式教学，创新模块引入开放式命题（如"用 AI 技术解决城市内涝"）。哈尔滨工业大学"智能机器人"课程群，将全国机器人大赛赛题拆解为 12 个教学项目，学生在完成课程作业的同时完成竞赛作品原型开发，实现"一课多赛"的高效转化。改革传统考试评价，将竞赛参与度（30%）、方案设计质量（40%）、现场答辩表现（30%）纳入课程考核。允许学生用竞赛获奖成果置换课程学分，如国家级竞赛获奖可替代专业选修课学分，省级竞赛获奖可折算实践学分。天津大学实施"竞赛学分银行"制度，学生竞赛成果可跨学期、跨课程累计，2023 年已有 217 名学生通过竞赛获得毕业所需学分。引入生成式 AI 工具重构教学流程：课前通过 ChatGPT 分析竞赛历年赛题，生成个性化预习方案；课中利用 AI 代码助手实时解决编程难题；课后通过智能评估系统分析学生作品的创新指数。东南大学试点"AI + 数学建模"课程，AI 系统自动分析学生模型的技术跃迁度，针对性推荐优化路径，使学生原创性建模方案产出率提升 28%。

　　为了确保课程与竞赛的有效联动，学校还需要建立一套完善的反馈机制。教师可以通过收集和分析学生在竞赛中的表现情况，及时调整教学策略，补充或强化某些知识点。同时，学校也可以邀请往届竞赛优胜者分享经验，帮助低年级学生更好地准备未来赛事。通过这种方式，不仅能够提高教学质量，还能促进学生之间的交流与合作，形成良好的学习氛围。通过优化课程设置、加强实践教学以及建立有效的反馈机制，可以使学生在参与竞赛的过程中不断提升自身能力，为未来的职业发展打下坚实基础。

（2）导师－学生协同机制

　　导师与学生的协同效率决定竞赛成果的质量。导师与学生之间的协同机制在学科竞赛中扮演着至关重要的角色，它不仅有助于学生获得专业的指导和支持，还能促进师生之间的深入交流与共同成长。首先，建立一对一或小组形式的导师制度是关键。每位导师都应具备深厚的专业背景和丰富的竞赛指导经验，能够根据学生的兴趣和发展方向提供个性化的指导。

　　其次，导师不仅要关注学生的学术进步，还要重视其心理健康和职业规划。在高强度的竞赛准备过程中，学生往往会面临较大的心理压力，这时导师的心理支持显得尤为重要。导师的激励作用对于激发学生的内在动力同样关键。通过设立明确的目标和奖励机制，导师可以促使学生更加积极主动地投入竞赛准备中去。导师还会利用竞赛的成功案例激励学生，让他们看到努力后的成果，增强自信心和成就感。例如，向学生介绍往届优秀毕业生通过竞赛获奖而顺利进入知名企业或顶尖学府的故事，以此激发学生的奋斗热情。

导师与学生之间的协同不仅仅局限于技术层面的支持，还包括思想上的启发和价值观的传递。导师作为学生的榜样，其严谨的治学态度和高尚的人格魅力往往会对学生产生深远的影响。例如，某著名大学的化学竞赛指导团队成员均是各自领域的权威专家，他们在日常指导中不仅传授专业知识，还经常与学生讨论科学研究的意义和社会责任，培养学生的社会责任感和使命感。为了确保导师 - 学生协同机制的有效运行，学校应建立健全的管理制度和评价体系。一方面，要为导师提供必要的资源和支持，如设立专门的指导经费、配备先进的实验设备等；另一方面，也要加强对导师工作的考核与评估，确保每位导师都能尽职尽责地履行职责。同时，学校还可以通过定期举办师生座谈会、经验分享会等形式，增进师生之间的了解与信任，营造和谐融洽的教学环境。导师 - 学生协同机制不仅促进了学生在竞赛中的表现和发展，也为整个高等教育生态系统的良性循环奠定了基础。

（3）资源 - 平台支撑机制

资源与平台支撑机制是保障大学生学科竞赛顺利开展的关键因素之一，它涵盖了硬件设施、软件资源、资金支持及信息共享等多个方面。硬件设施的完善是竞赛活动的基础保障。软件资源的建设同样不可忽视。现代学科竞赛往往涉及复杂的计算、数据分析及模拟仿真等工作，这就要求学校提供相应的软件工具和平台支持。学校还可以搭建在线学习平台，整合各类优质教育资源，如视频教程、案例分析、题库等，供学生自主学习和查阅。

资金支持是确保学科竞赛顺利进行的重要保障。许多竞赛项目的筹备和实施都需要一定的经济投入，包括参赛费用、材料采购费、差旅费等。因此，学校应设立专项基金来资助学生的竞赛项目。这样的资金支持不仅减轻了学生的经济负担，还激发了他们参与竞赛的积极性，形成了良好的学术氛围。

信息共享机制也是资源 - 平台支撑机制的重要组成部分。及时准确的信息获取对于竞赛准备至关重要。学校可以通过建立专门的竞赛信息发布平台，汇总各类竞赛通知、报名指南、历届真题等信息，方便学生查询和参考。通过这种方式，不仅可以提高学生的参赛成功率，还能促进学生之间的交流与合作，形成良好的学习氛围。为了确保资源与平台支撑机制的有效运行，学校应建立健全的管理制度和服务体系。加强对资源使用的监督和管理，确保每项资源都能得到合理利用。同时也要不断优化服务平台的功能和服务质量，满足学生日益增长的需求。还可以建立资源共享机制，鼓励不同院系之间互相开放实验室和设备，实现资源的最大化利用。资源与平台支撑机制不仅为学生提供了丰富的资源和发展机遇，也通过搭建交流平台和传播正面价值观念，推动了高等教育与社会需求的紧密结合。

2.2　学科竞赛能力培养的实施路径

学科竞赛作为高等教育创新人才培养的重要载体，其能力培养机制的构建需以政策驱动为逻辑起点，通过制度设计、资源整合与战略协同实现系统性变革。本部分从政策分析理论、组织行为学与教育生态学视角，构建"政策供给-治理体系-生态重构"三维分析框架，揭示政策驱动下学科竞赛顶层设计的理论逻辑与实践路径，为高校学科竞赛能力建设提供理论范式与行动指南。

2.2.1　政策驱动下的顶层设计

（1）政策驱动的理论逻辑与价值定位

政策驱动作为国家治理高等教育体系的核心战略工具，本质上是通过制度建构、资源调配与价值导向的协同发力，系统性推动学科竞赛能力培养的范式革新。这一驱动机制深度融合制度经济学的激励理论、教育政策学的资源分配逻辑以及战略管理理论的目标导向思维，形成了多维协同的作用范式。

在制度供给维度，政策通过制定系列规范性文件构建学科竞赛生态的运行规则体系。以《全国普通高校学科竞赛排行榜》评价指标体系为典型代表，政策文本从竞赛项目的认定标准、评审流程规范、成果价值评估等层面，搭建起以"锦标赛制"为特征的激励框架。这种制度设计不仅明确了竞赛活动的合法性边界与质量标准，更通过量化评价机制，将竞赛成果与高校排名、学科评估、资源分配直接挂钩，形成"政策导向—资源投入—成果产出"的正向循环。例如，教育部将学科竞赛纳入"双一流"建设动态评估指标，促使高校主动加大竞赛资源投入，推动竞赛活动向规范化、专业化方向发展。

在资源再分配维度，政策工具成为优化竞赛资源配置的核心杠杆。国家依托"双一流"建设专项资金、产教融合发展基金、大学生创新创业训练计划等政策载体，通过差异化资助政策与动态调整机制，引导竞赛资源向人工智能、量子计算、生命科学等战略性新兴领域以及高端装备制造、关键核心技术攻关等重点方向集聚。这种资源调配模式打破了传统竞赛资源分配中的"马太效应"，既保障了重点领域竞赛项目的资源供给，又通过"以赛促建"的方式，推动高校学科专业建设与国家战略需求的深度对接。例如，部分地方政府设立"卡脖子技术"专项竞赛基金，鼓励高校围绕产业技术难题开展竞赛攻关，实现竞赛资源与产业需求的精准匹配。

在价值引领维度，政策将学科竞赛纳入"新工科""新文科"等高等教育改革战略布局，赋予竞赛活动更高层次的育人使命。通过将竞赛目标与国家创新驱动发展战略、产业转型升级需求紧密衔接，政策引导高校将学科竞赛作为培养学生创新思维、实践能力、团队协作精神以及社会责任感的重要载体。这种价值导向促使竞赛活动超越单纯的技能比拼，成为服务国家战略的人才培养平台。例如，"互联网＋"大学生创新创业大赛以"更中国、更国际、更教育、更全面、更创新"为导向，引导参赛项目聚焦乡村振兴、社会治理、民生改善等重大现实问题，充分彰显了竞赛活动的社会价值与育人功能。

政策驱动的作用机制遵循"政策文本—组织响应—能力生成"的转化路径。政策文本的弹性设计（如"支持高校开展跨学科竞赛创新""鼓励校企合作办赛"等指导性表述）为地方和高校留出制度创新空间，允许其结合自身特色探索差异化发展路径；而政策工具的刚性约束（如将竞赛成果与学位授予、职称评聘、项目申报直接挂钩）则确保政策目标的有效落实。这种"刚柔并济"的张力结构，既保障了政策执行的统一性与权威性，又激发了地方和高校的主动性与创造性，推动学科竞赛能力培养体系在动态调整中持续优化升级。此外，政策驱动还通过建立政策效果评估机制，对竞赛活动的实施过程与育人成效进行跟踪监测，及时发现问题并调整政策工具与实施策略，形成"政策制定—执行—评估—反馈—优化"的闭环管理体系，确保学科竞赛能力培养始终契合国家战略需求与高等教育发展趋势。

在高等教育治理体系中，学科竞赛政策承载着工具理性与价值理性的双重使命，成为推动高校发展与教育变革的重要杠杆。从工具理性视角审视，学科竞赛政策犹如精准调控的指挥棒，通过构建量化评价体系与资源分配机制，直接作用于高校人才培养核心环节。教育部发布的《全国普通高校学科竞赛排行榜》将竞赛获奖数量、参与规模等指标纳入高校评价体系，形成激励机制。这种制度设计促使高校主动优化课程设置，增加实践教学比重，构建与竞赛需求相匹配的人才培养方案。数据显示，在政策引导下，全国高校实践学分占比平均提升至28%，学生参与学科竞赛的比例增长42%。通过高强度的竞赛训练，学生在工程设计、算法优化、系统调试等方面能力得到显著提升，高校在专业认证、学科评估等关键指标上的表现也随之增强。

从价值理性维度来看，学科竞赛政策则扮演着高等教育改革的角色。政策倡导的"以赛促教、以赛促学"理念，打破了传统教育中单向知识传授的模式，推动形成"教师 - 学生 - 企业"三方协同创新的生态系统。在竞赛项目实施过程中，教师从知识传授者转变为创新引导者，企业深度参与命题设计、技术指导与成果转化，学生则在真实问题情境中锻炼批判性思维、团队协作和创新实践能力。例如，在"互联网＋"大学生创新创业大赛中，大量参赛项目聚焦乡村振兴、社会治理等现实问题，学生需要综合运用多学科知识，通过团队协作提出创新性解决方案。这种竞赛模式不仅培育了学生的跨学科思维与社会责任感，更推动了高校教学方法改革与产学研深度融合。通过竞赛实践，高校逐步构建起以能力培养为核心的新型教育范式，实现了从知识传授到价值塑造、从技能训练到创新育人的转型升级。

学科竞赛政策的双重价值并非相互割裂，而是在教育实践中实现辩证统一。工具理性的量化指标为教育改革提供明确方向与实施路径，价值理性的育人目标则确保教育发展不偏离本质。两者协同作用，既提升了高校在人才培养、学科建设等方面的显性竞争力，又推动形成注重创新、强调实践、关注社会的教育文化生态，共同服务于培养具有国际竞争力的高素质创新人才这一根本目标。

传统学科竞赛政策长期以来以"管控型治理"为主要模式，强调自上而下的行政干预与标准化管理，注重结果导向和统一规范。这种治理方式在一定程度上保障了竞赛的公平性与秩序，但也带来了诸多局限，如目标设定趋于单一化，过于追求获奖数量和名次；过程管理高度行政化，缺乏灵活性与创新空间；评价体系功利化，忽视了学生综合素质与创新能力的全面培养。进入新发展阶段，为更好地服务于创新型人才培养和高质量教育体系建设，学科竞赛治理亟须从"管控型"向"赋能型"转变。"赋能型治理"强调激发系统内生动力，其理论基础主要包括以下几个方面：

复杂性治理理论认为学科竞赛系统是一个开放、动态且具有非线性特征的复杂系统，传统的刚性管理难以应对日益多变的外部环境和多样化的需求。因此，应通过政策的弹性设计来提升系统的适应能力，例如定期动态调整竞赛白名单，根据社会需求、学科发展和教育改革的方向灵活优化竞赛项目结构。

分布式领导理论主张将政策执行权适度下放至二级学院、科研团队等基层单位，构建"中央统筹—地方创新"的协同治理格局。这种模式不仅有助于调动一线组织的积极性与创造力，也能够实现顶层设计与基层实践之间的良性互动，增强政策的落地效果与可持续性。

教育生态学理论强调构建一个由政策、资源与文化共同作用的三维生态系统。通过科学配置政策工具组合（如税收优惠激励企业参与、学分置换鼓励学生参赛），培育良好的竞赛文化氛围，推动形成多元主体共治、多方资源联动的良性生态，从而实现学科竞赛生态系统的自我调节与持续演进。"赋能型治理"不仅是对传统学科竞赛治理理念的革新，更是推动高等教育深化改革与人才培养模式转型的重要路径。

（2）政策驱动下的制度体系重构

政策驱动是推动治理体系现代化和实现教育高质量发展的重要手段，其首要任务在于将宏观层面的政策文本转化为具体、可操作的制度体系，使政策精神能够落地生根、有效执行。这一转化过程不仅涉及政策内容的形式转换，更关乎理念落实与机制创新，需遵循以下三项基本原则。①合法性嵌入原则，强调政策实施必须具有制度依据和法律保障。应将国家及上级主管部门的战略部署与规范性要求，系统地嵌入高校治理的根本性文件之中，如大学章程、教学管理制度、人才培养方案等。例如，在《本科生培养方案》中明确"学科竞赛经历可用于毕业创新学分认定"的条款，既体现了政策导向的制度化，也为学生参与竞赛提供了制度激励与合法性支撑，增强了政策执行的刚性与权威性。②系统化衔接原则，强调构建纵向贯通、横向协同的制度网络，形成自上而下、层层细化的制度链条。通过建立"国家政策—省级规划—校级方案—院系细则"四级联动的制度层级，确保顶层设计在基层得到有效承接与细化。同时，引入"政策分解矩阵（policy decomposition matrix）"，将政策目标逐层拆解为具体任务，并对应到责任主体，从而实现"目标 - 任务 - 责任"的三维映射，提升执行效率与管理精细化水平。③动态校准原则，关注政策制度体系的适应性与可持续性，强调根据外部环境变化与实践反馈进行持续优化。为此，应建立政策文本的年度评估机制，借助自然语言处理技术与文本分析方法，对政策关键词（如"跨学科融合""产教协同""创新创业能力"等）的出现频率与语义演变进行监测与分析，识别政策重点的变化趋势，及时调整制度设计与资源配置方向，确保政策执行始终与国家战略保持同频共振。

为了推动学科竞赛的高效运作与持续发展，需进行组织架构上的创新。学科竞赛管理的效能提升，关键在于打破部门壁垒、优化资源配置。通过设立学科竞赛战略委员会，形成校级统筹的顶层设计机制。该委员会由分管教学副校长牵头，整合教务处、科研处、学工处、校友会等多部门职能。委员会定期召开联席会议，分析竞赛发展趋势，制定战略规划，协调跨部门资源，确保竞赛工作与学校整体发展战略深度融合。在项目管理层面，推行"揭榜挂帅"制度，赋予项目团队充分的自主权。针对"互联网 +""挑战杯"等国家级重点赛事，面向全校公开招募项目负责人，选拔优秀团队。入选团队在人事管理、经费使用、设备调配等方面享有高度自主权，可自主组建跨学科团队、制定预算方案、申请使用校内外资源。这种管理模式有效激发了团队的积极性与创造力，提升了项目执行效率与竞赛成果质量。为确保管理效能，引入第三方评估机制，委托麦可思、软科等专业机构开展竞赛效能评估。评估内容涵盖竞赛组织管理、人才培养成效、社会影响力等多个维度，通过科学的指标体系与数据分析，客观评价竞赛项目的实施效果。评估结果直接与资源分

大学生学科竞赛理论与实践

配挂钩，形成"以评促建、以评促改"的良性循环，推动竞赛管理持续优化。

科学合理的制度设计是学科竞赛健康发展的基础。在准入管理方面，制定《学科竞赛分级分类管理办法》，建立四级竞赛目录。依据竞赛的主办单位层级、学科专业匹配度、参赛规模与影响力等指标，将竞赛划分为国家级、省级、校级和院级四个等级，并明确各等级竞赛的认定标准与管理要求。这一制度有效规范了竞赛市场，避免低质量竞赛无序扩张，引导资源向高水平赛事集中。激励制度创新聚焦"教师 - 学生"双主体，构建全方位激励机制。在教师端，建立竞赛指导工作量折算系数，将竞赛指导成效纳入绩效考核与职称评聘体系。例如，指导学生获得国家级一等奖，可折算为 50 标准课时，并在职称评审中给予加分倾斜。在学生端，推行"竞赛荣誉 - 保研加分 - 奖学金倾斜"联动机制，将竞赛成绩与学生综合素质评价、升学就业挂钩，激发学生参赛热情。为保障竞赛质量，建立动态调整的退出机制。通过优胜劣汰的竞争机制，倒逼竞赛项目持续优化，提升整体质量水平。

充足的资源保障是学科竞赛发展的物质基础。通过设立学科竞赛专项基金，构建稳定的经费支持体系。基金采用"基础保障＋绩效奖励"的分配模式，60% 用于设备购置、耗材采购等基础运营保障；40% 与竞赛成果挂钩，依据获奖等级、项目影响力等指标进行绩效奖励。这种分配机制既确保竞赛活动的正常开展，又激励团队追求卓越成绩。在资源整合方面，构建竞赛资源池，整合校内实验室、企业研发中心、产业园区等多方资源。通过数字化管理平台，实现资源的统一调度与共享，支持跨校区、跨学科的资源预约与使用。学生团队可通过平台在线申请使用企业实验室的高端设备，企业工程师也可远程参与竞赛项目指导，促进产学研深度融合。师资队伍建设是竞赛成功的关键因素。推行竞赛导师认证制度，明确指导教师资质要求。要求导师必须取得行业认证或具备企业挂职经历，确保导师既有扎实的理论功底，又具备丰富的实践经验。通过定期开展导师培训、经验交流与考核评估，不断提升导师队伍的专业水平与指导能力，为竞赛项目提供坚实的智力支持。

（3）政策驱动下的战略协同机制

高校虽然在知识传授与人才培养方面具有深厚的积淀，但面对复杂多变的产业需求和日新月异的技术变革，其资源和能力存在一定的局限性。因此，构建"政府引导 - 产业驱动 - 高校主体 - 科研支撑"的协同创新网络成为提升学科竞赛能力培养质量的必然选择。在这一协同创新体系中，政策驱动犹如一条无形的纽带，贯穿各个环节，发挥着不可或缺的关键作用。

政策作为一种强有力的引导工具，能够有效打破企业与高校、科研机构之间的信息壁垒，搭建起需求侧与供给侧之间的沟通桥梁。通过推行"揭榜挂帅"等创新性的政策工具，政府可以将企业在实际生产过程中遇到的技术攻关难题转化为学科竞赛的命题。高校学生团队在参与竞赛的过程中，不仅能够深入接触到产业真实问题，锻炼解决实际问题的能力，还能为企业提供创新思路和技术方案，实现企业需求与高校科研成果、学生创新能力的精准对接。这种对接不仅有助于提高学生的学科竞赛水平和就业竞争力，还能加速科技成果向现实生产力的转化，推动产业的技术升级和创新发展。

产业参与学科竞赛的积极性直接影响到协同创新网络的运行效率和效果。然而，企业在参与过程中往往会考虑投入产出比的问题，如果缺乏相应的利益激励机制，企业可能缺乏足够的动力投入资源和精力。政策可以通过运用税收优惠、政府采购等经济杠杆，平衡企业的投入产出关系，从而激发产业参与学科竞赛的动力。政府可以出台相关政策，规定企业赞助学科竞赛的费用可以在企业所得税中进行一定比例的抵扣，如企业赞助竞赛可抵扣 150% 的研发费用。这一政策不仅降低了企业的赞助成本，还相当于为企业提供了额外的研发资金支持，有助于企业加大在技术创新和人才培养方面的投入。政府还可以在政府采购项目中优先考虑在学科竞赛中表现优秀、具有创新成果的企业产品或服务，为企业提供市场拓展的机会，进一步增强企业参与学科竞赛的积极性和主动性。通过这些利益协调政策，能够有效引导企业积极投身于学科竞赛活动，形成产业与高校、科研机构之间的良性互动。

为了确保政产学研协同创新网络的高效运行和学科竞赛能力培养质量的稳步提升，政策还需要发挥质量保障作用。制定科学合理的《学科竞赛产教融合标准》是保障协同创新质量的重要举措。该标准应涵盖多个方面的指标，明确企业导师资质要求，例如规定企业导师必须具备 5 年以上相关行业的从业经验，且在行业内具有一定的技术成就和影响力。这样的要求能够保证企业导师具有丰富的实践经验和专业知识，能够为学生提供高质量的指导和建议。标准还应对设备开放程度进行明确规定，如要求企业核心设备的使用率 ≥ 70%，确保高校学生能够充分接触到企业的先进设备和实验条件，提高实践操作能力和创新能力。此外，标准还可以对竞赛组织流程、评审标准、知识产权归属等方面进行详细规定，规范各方在协同创新过程中的行为，保障学科竞赛的公平性、公正性和科学性，为学科竞赛能力培养提供坚实的质量保障。

（4）政策驱动的质量保障体系

在学科竞赛能力培养体系中，全流程监控机制是保障竞赛质量与育人成效的关键环节。通过对竞赛项目的输入端、过程端、输出端实施系统性和动态化的监控管理，构建起覆盖竞赛全生命周期的质量保障体系，确保竞赛活动的目标达成与持续优化。

输入端监控作为竞赛质量的源头，着重把控项目可行性与学生适配度。在项目准入层面，组建由学科权威专家、企业资深高管、教育领域学者构成的跨学科评审委员会，从必要性、可行性、创新性三个维度建立量化评估体系。必要性评估聚焦竞赛命题与国家战略、产业需求的契合度；可行性评估考量高校资源、技术条件对项目的支撑能力；创新性评估则关注赛题的原创性与突破性。这种多视角评审机制，有效避免低水平重复竞赛，确保竞赛项目的前沿性与实践价值。在学生选拔环节，引入 CLP（critical learning process）模型，通过知识测试、技能实操、动机访谈等方式，全面评估学生的知识储备、技术能力与学习动力。

过程端监控旨在保障竞赛项目的顺利推进与学生能力的持续成长。通过推行里程碑管理机制，将竞赛过程划分为选题论证、中期检查、结题验收等关键节点，并将节点评审结果与经费拨付直接挂钩。若某团队在中期检查中未达到预期研究进度，将暂缓后续经费发放，倒逼团队优化方案、提升效率。依托数字化技术开发竞赛过程管理系统，实时采集学生代码提交频次、实验失败次数、文献引用数量等过程性数据。系统通过机器学习算法对数据进行深度分析，动态生成学生的能力成长曲线，直观呈现其在知识应用、问题解决、创新思维等方面的发展轨迹。教师与导师可依据曲线变化，及时调整指导策略，精准补足学生能力短板，实现个性化培养。

输出端监控则聚焦竞赛成果的长期价值与育人成效。通过构建多维评价模型，从学术价值（如论文发表数量、引用频次）、社会价值（如媒体报道量、公众关注度）、经济价值（如技术专利数量、成果转化金额）等多个维度对竞赛成果进行综合评估，改变单一以获奖为导向的评价模式。实施竞赛后评估制度，对获奖项目进行长达 3 年的跟踪调查，统计成果持续优化率、团队成员职业发展等长效指标。这种长期评估机制，不仅能客观反映竞赛的育人实效，更为后续竞赛项目的优化迭代提供数据支撑，推动学科竞赛能力培养体系的持续完善。

2.2.2　支持与保障体系

学科竞赛作为高等教育创新实践的核心载体，其能力培养效能的释放依赖于制度、资金、设施与师资的协同保障体系。从制度保障、资金保障、设施与设备保障、师资保障体系四个维度，构建大学生学科竞赛能力培养的支持与保障体系理论框架，揭示其内在逻辑与实践要求。支持与保障体系通过整合政策、资源、制度、文化等多维度要素，为学科竞赛能力培养提供系统性支撑，其构建涉及教育学、管理学、经济学等多学科理论的综合应用。

（1）制度保障

完善的组织管理制度是学科竞赛规范化、体系化运作的核心基石。高校需构建权责明晰、协同联动的三级管理架构，校级层面应设立学科竞赛管理委员会，由分管教学的副校长担任主任，统筹教务处、科研处、学生处、团委等职能部门资源，形成"政策制定 - 资源整合 - 质量监控"三位一体的顶层设计机制，负责制定竞赛战略规划、年度计划及资源分配方案；二级学院需组建学科竞赛工作组，由教学副院长牵头，结合学科特色细化实施方案，负责学生动员、团队遴选及过程指导；项目组则作为执行单元，实行项目负责人制，赋予其在团队组建、资源调配、经费使用等方面的自主决策权，确保项目全流程高效推进。通过三级架构的纵向衔接与横向协同，可有效破解"多头管理"与"管理盲区"并存的治理困境，显著提升组织运行效能。

为激发基层创新活力，高校需构建"准入—支持—退出"的全周期管理机制。在项目准入环节，推行项目申报评审制，由校内外专家组成评审委员会，从"必要性、创新性、可行性、预期效益"四维度对申报项目进行量化评分，遴选具有学科交叉性、技术前沿性、应用转化潜力的优质项目；在项目执行阶段，赋予项目负责人"人财物"统筹权，允许其根据项目需求自主组建跨学科团队、动态调整资源分配方案，并建立"中期检查—结题答辩"的动态考核机制，对进度滞后或偏离目标的项目及时中止支持；在项目退出环节，对未达预期的项目进行复盘总结。

在激励机制设计上，高校需构建"学生 - 教师 - 团队"三位一体的激励体系。针对学生群体，实行"荣誉 + 物质 + 发展"的多维激励：设立"学科竞赛卓越奖""创新标兵"等荣誉称号，给予国家级奖项获得者"保研加分 - 奖学金翻倍 - 课程免修"的组合激励，并将竞赛成果纳入"第二课堂成绩单"，作为评优评先、留学推荐的核心依据；针对指导教师，实施"职称破格 - 绩效倾斜 - 成果认定"的靶向激励：将指导学生获国家级一等奖等同于 1 篇 CSSCI 论文，在职称评审中设置"竞赛指导专项指标"，将竞赛指导工作量按 1：2 比例折算为教学科研工作量；针对创新团队，建立"成果转化 - 收益共享"的协同激励机制：对产生高价值专利、高水平论文或创业项目的团队，提供"免费孵化空间—创业导师对接—天使投资引入"的全链条支持，并按"学校 20%- 学院 30%- 团队 50%"的比例分配成果转化收益。

在约束机制构建上，高校需建立"制度约束 - 过程监管 - 信用惩戒"的三重保障体系。制定《学术竞赛管理办法》，明确竞赛组织、参与、评审、经费使用等环节的 28 项禁止性规定与 16 项责任清单，划定学术诚信红线；依托区块链技术构建"竞赛全流程监管平台"，实现"项目申报 - 经费使用 - 成果提交"的全程留痕与智能预警，对经费超支、进度滞后等风险自动触发预警；建立"学术诚信黑名单"制度，对查实的学术不端行为实行"一票否决"：取消涉事学生三年内评优评先资格，追回全部奖励经费；对指导教师实行"职称降级 - 项目冻结 - 行业通报"的联合惩戒，并纳入教师师德档案。

（2）资金保障

稳定充足的资金是学术竞赛可持续发展的核心命脉，其供给体系需构建"政府主导-高校主体-社会协同"的三维支撑网络。在政府层面，国家和地方政府应设立大学生创新竞赛专项资金池与学科竞赛战略扶持基金，重点支持"卡脖子"技术攻关类、新工科交叉融合类等国家级、省级重点赛事，通过项目制拨款和成果后补助机制，既保障竞赛的公益属性与普惠覆盖，又引导资源向战略性新兴领域倾斜。高校作为执行主体，需在年度预算中单列学术竞赛专项经费，按不低于生均科研经费的 15% 动态配置，用于校级竞赛体系构建、种子项目孵化培育及日常管理运维，确保资金流向设备购置、耗材采购、专家评审等刚性支出领域。

为提高资金使用效率，需建立科学的资金管理机制。采用"基础保障＋绩效奖励"的分配模式，其中基础保障资金用于竞赛组织、设备购置、耗材采购等日常开支，确保竞赛活动的正常开展；绩效奖励资金则与竞赛成果、育人成效挂钩，对取得优异成绩的团队和个人给予奖励。建立严格的经费预算与审计制度，规范经费使用流程。竞赛项目需编制详细的经费预算，经审核批准后执行。加强经费使用的过程监管，定期开展财务审计，确保资金使用的合规性和透明性。同时，建立资金使用绩效评价机制，对经费使用效益进行评估，为后续资金分配提供参考。

（3）设施与设备保障

高校应整合校内实验室、工程训练中心、创新创业基地等资源，建设专门的竞赛实践场地。根据不同学科竞赛的特点，配备相应的实验设备和仪器，满足竞赛项目的实践需求。同时，推动实验室开放共享，建立设备预约使用制度，提高设备利用率。加强数字化设施建设，构建虚拟仿真实验室、在线竞赛平台等数字化实践环境。虚拟仿真技术能够模拟真实实验场景，突破时间和空间限制，为学生提供安全、便捷的实践平台；在线竞赛平台则实现竞赛组织、报名、评审等环节的数字化管理，提升竞赛组织效率。

建立科学的设备管理制度，规范设备采购、使用、维护等环节。制定设备采购计划时，需充分调研竞赛需求，优先配置急需和关键设备。建立设备使用登记制度，记录设备使用情况，便于管理和维护。定期对设备进行检查、维护和更新，确保设备处于良好运行状态。加强设备管理信息化建设，利用物联网、大数据等技术实现设备的智能管理。通过设备管理系统，实时监控设备运行状态，预测设备故障，实现预防性维护。建立设备共享平台，促进校内外设备资源的互通共享，提高资源利用效率。

推动校内外资源整合，构建开放共享的实践资源体系。校内层面，打破院系壁垒，促进实验室、设备等资源的跨学科共享；校外层面，加强与企业、科研院所的合作，共建实践基地，共享高端设备和前沿技术。通过资源整合，实现优势互补，为学生提供更广阔的实践平台。建立资源共享激励机制，对积极参与资源共享的单位和个人给予奖励。制定资源共享规则和标准，规范共享行为，保障资源所有者的权益。探索建立区域性资源共享联盟，促进高校间的资源互通，提升整体资源利用效益。

（4）师资保障体系

高素质的指导教师队伍是大学生学术竞赛能力培养体系中的核心支撑力量。导师不仅在知识传授、技能指导方面发挥关键作用，更在激发学生创新潜能、提升团队协作能力和塑造职业素养等方面具有深远影响。因此，高校应着力构建多元化、专业化、结构合理的竞赛指导师资体系，充分发挥各类导师的优势与作用。

由各学科领域的骨干教师组成的专业导师团队，能够为学生提供扎实的理论基础和系统的专业知识支持，帮助其深入理解竞赛内容的核心逻辑与技术要点。还需引入企业导师，即来自行业一线的技术骨干和资深专家，他们能够将产业前沿动态、工程实践经验以及真实问题带入竞赛训练过程，提升学生的实践应用能力和社会适应力。鼓励吸纳科研人员参与竞赛指导工作，特别是一些面向科技创新类竞赛，科研院所的研究人员可从科学研究方法、项目设计思维以及创新意识培养等方面给予学生系统性引导，从而增强其科研素养与创新能力。为了保障指导工作的质量与可持续发展，需要建立科学的导师选拔与准入机制。应明确导师任职的基本条件，包括专业知识储备、实践经验积累、沟通指导能力等，并制定相应的职责规范，确保其在竞赛全过程中的有效参与。同时，定期组织开展导师培训活动，通过专题讲座、案例研讨、经验交流等多种形式，不断更新导师的知识结构，提升其教学指导与组织管理能力。还应搭建导师交流平台，促进不同背景、不同领域导师之间的协同合作与资源共享，形成跨学科、跨单位的联合指导模式。

2.2.3　评价与反馈机制

科学合理的评价与反馈机制是学科竞赛能力培养体系的重要组成部分，是保障竞赛育人目标实现、推动培养机制持续优化的关键环节。评价与反馈机制通过对竞赛过程与成果的系统评估，为教学改进、资源配置和政策调整提供依据。其构建涉及教育评价理论、系统科学理论、质量管理理论等多学科知识的综合运用，需兼顾科学性、系统性和实践性，以实现学科竞赛能力培养的高质量发展。

学科竞赛能力培养的评价机制构建，需以教育评价理论为指导，结合学科竞赛的特点与育人目标。学科竞赛能力评价机制的构建需植根于教育评价理论体系，其核心在于建立具有动态适应性和多维观测特征的评价模型。根据 Stufflebeam 的 CIPP 评价模型（context, input, process, product）理论框架，应构建包含准备度评价、过程性评价、成果评价和发展性评价的四维结构。其中，准备度评价着重考查学生的知识储备与技能基础；过程性评价关注团队协作、创新思维等动态发展要素；成果评价侧重竞赛成果的学术价值与实践转化；发展性评价则强调能力迁移与可持续发展。在指标设计层面，需遵循 SMART 原则，构建包含能力维度、过程维度、成果维度、育人维度等指标体系，各指标权重分配采用德尔菲法确定，确保评价体系的科学性与可操作性。

系统论视角下，评价机制须具备动态调节功能。根据 Vygotsky 的最近发展区理论，评价体系应设置阶段性基准指标与动态发展目标，通过形成性评价持续监测学生能力发展轨迹。同时引入多元主体评价机制，整合指导教师评价、行业专家评审、团队互评及自我评价等多维度数据，运用层次分析法构建综合评价矩阵，有效克服单一评价主体的认知偏差。多维评价指标体系构建如下。

（1）能力维度评价指标

学科竞赛能力培养的核心价值在于推动学生综合能力的系统性提升，其评价体系应突破单一技能考核的局限，构建以知识迁移能力、创新实践能力、团队协作效能及复杂问题解决能力为支柱的立体化评估框架。

知识应用能力是学科竞赛的基石，其评价需涵盖两个层面。其一，对专业基础知识的掌握深度，包括理论体系的完整性、技术原理的精准性及学科前沿的敏感性；其二，知识迁移与跨域整合能力，即学生能否将多学科知识转化为解决竞赛问题的工具，体现为对交叉学科方法的创新性运用、对工程伦理规范的自觉遵循，以及在技术路径选择中展现的学术判断力。此类评价可通过知识图谱分析技术，量化学生知识体系的广度与深度，同时结合竞赛作品的跨学科性指数进行综合评估。

创新实践能力是学科竞赛的核心竞争力指标，其评价需兼顾技术原创性与工程实现度。技术原创性评估应聚焦参赛作品在理论模型、算法设计、系统架构等层面的创新程度，通过专利数据库比对、学术文献查重等技术手段，量化作品的创新贡献度；工程实现度则需考察技术方案的可行性、系统运行的稳定性及实践应用的推广价值，可通过建立"技术创新指数 - 工程成熟度矩阵"进行二维评估。评价还应纳入对创新过程的追踪，如原型迭代次数、实验失败率等过程性指标，以全面反映学生的创新韧性。

团队协作能力是学科竞赛效能的重要保障，其评价需突破传统"团队总分制"

的局限，构建基于角色分工的精细化评估模型。其一，角色适配度，通过社会网络分析法（SNA）量化团队成员的知识结构互补性、技能组合匹配度及领导力分布合理性；其二，协同效率，采用任务完成度、沟通频次、冲突解决时效等过程性指标，评估团队的协作流畅度；其三，团队韧性，通过压力测试、危机应对模拟等场景，考察团队在逆境中的凝聚力与适应性。此类评价可借助数字化协作平台，实时采集团队成员的贡献度数据，形成动态能力画像。

问题解决能力是学科竞赛能力的终极体现，其评价需构建"问题识别—方案生成—决策执行—效果评估"的全链条评估体系。在问题识别阶段，重点考查学生对竞赛任务的分解能力、关键矛盾的提炼能力及需求分析的系统性；在方案生成阶段，关注学生运用 TRIZ 理论、设计思维等工具的创新性，以及技术路线选择的科学性与经济性；在决策执行阶段，评估学生应对突发问题的敏捷性、资源调配的合理性及风险控制的预见性；在效果评估阶段，则需建立"技术指标 - 社会效益 - 伦理影响"三维评估模型，综合考量解决方案的可持续性。

上述评价框架的构建融合了以下理论视角。其一，布鲁姆认知目标分类学中"应用 - 分析 - 评价 - 创造"的层级理论，为知识应用与创新实践能力的评价提供认知维度划分依据；其二，贝尔宾团队角色理论，为团队协作能力的角色适配度评估提供理论模型；其三，复杂问题解决能力模型，为问题解决能力的全链条评估提供方法论支撑。

（2）过程维度评价指标

学科竞赛过程作为学生能力发展的核心实践场域，其评价体系应突破"以结果论英雄"的单一维度，需立足竞赛过程的动态特性，构建覆盖规划、执行、管理全流程的三维过程评估体系。

项目规划能力是竞赛实践的逻辑起点，其评价需涵盖选题论证的前瞻性、方案设计的系统性与资源分配的合理性。在选题论证层面，需考查学生对学科前沿的洞察力、技术路线的创新性及预期成果的学术价值；在方案设计层面，应评估技术架构的严谨性、方法论选择的适配性及风险预案的完备性；在资源分配层面，则需关注人力、物力、时间等要素的配置效率及跨学科资源的整合能力。

执行推进能力是竞赛实践的核心竞争力体现，其评价需聚焦技术攻关的突破性、进度把控的精准性及资源整合的动态性。在技术攻关层面，需考查学生对关键技术难题的突破能力、原型迭代的敏捷性及成果转化的可行性；在进度把控层面，应评估里程碑节点的达成率、偏差修正的及时性及应急响应的灵活性；在资源整合层面，则需关注内外部资源的协同效率、跨团队沟通的流畅度及知识产权管理的规范性。此类评价可通过任务完成度追踪、技术成熟度曲线分析及资源使用效率审计等手段，结合项目日志数据、专家现场考察等过程性证据进行动态评估。

自我管理能力是竞赛实践的内在支撑系统，其评价需覆盖时间管理的效能性、压力应对的适应性及持续学习的成长性。在时间管理层面，需考查学生任务分解的颗粒度、优先级排序的合理性及多线程工作的平衡性；在压力应对层面，应评估情绪调节的稳定性、挫折承受的韧性及决策判断的理性度；在持续学习层面，则需关注知识更新的及时性、技能拓展的主动性及反思改进的深度。

③ 成果维度评价指标。

学科竞赛成果作为学生能力发展的可视化结晶，竞赛成果是能力培养的直观体现，评价指标包括学术价值、社会价值和经济价值。

学术价值是竞赛成果的底层支撑，其评价需涵盖理论创新的深度、学术规范的严谨性及成果传播的广度。在理论创新层面，需考察成果是否提出原创性概念、是否突破学科边界及是否填补学术空白；在学术规范层面，应评估研究方法的科学性、数据处理的可靠性及伦理审查的合规性；在成果传播层面，则需关注发表平台的权威性、引用影响力的持续性及学术对话的开放性。

社会价值是竞赛成果的外延拓展，其评价需聚焦成果对行业发展的引领性、对社会进步的推动性及对公共利益的普惠性。在行业发展层面，需考察成果是否驱动技术迭代、是否优化产业生态及是否增强国际竞争力；在社会进步层面，应评估成果是否回应重大社会需求、是否促进社会公平及是否提升公共服务效能；在公共利益层面，则需关注成果的可持续性影响及公众参与度。

经济价值是竞赛成果的终极落点，在技术成熟度层面，需考察成果的技术完备性、知识产权布局的完备性及技术壁垒的构建能力；在市场适配度层面，应评估目标市场的规模潜力、竞争格局的差异化优势及商业模式创新性；在商业可持续性层面，则需关注成本效益比的优化空间、融资能力的支撑度及生态系统的构建能力。

④ 育人维度评价指标。

学科竞赛的育人功能需通过价值塑造、职业素养和发展潜力等指标进行评价。

在价值塑造方面，应着重考查学生在参与学科竞赛过程中所展现出的思想品质与精神风貌。这包括但不限于家国情怀、社会责任感以及学术诚信意识等核心价值观的具体体现。学生是否能够在竞赛实践中体现出对国家发展需求的关注，是否具备服务社会的责任担当，以及在项目设计和成果展示中是否恪守学术规范、尊重知识产权等。这些指标构成了对学生思想道德素质的重要衡量标准，是实现"以赛促德"育人目标的关键环节。

职业素养作为衡量学生未来职业适应能力的重要维度，其评价内容涵盖职业态度、规范意识与行业认知等方面。在学科竞赛中，学生需要以专业化的视角面对实际问题，并在团队协作、项目管理、沟通表达等过程中展现出良好的职业行为习惯。是否能够准确理解所在领域的行业发展趋势、技术规范与伦理要求，也是评判其职业素养的重要依据。通过竞赛实践，学生不仅锻炼了专业技能，也在真实或模拟的职业环境中提升了综合素养，为其未来顺利融入社会、胜任岗位奠定了坚实基础。

发展潜力的评价则着眼于学生的可持续发展能力，关注其在竞赛结束后是否具备持续学习的能力、创新思维的延展性以及自我提升的动力机制。具体而言，这包括学生是否能在竞赛经验的基础上反思学习策略，主动拓展知识边界；是否能够将竞赛中积累的经验迁移到其他学习或研究场景中，形成跨情境的应用能力；是否具备批判性思维和创造性解决问题的能力，为后续的科研探索或职业成长提供支撑。发展潜力的评估有助于识别和培养具有创新意识和自主学习能力的拔尖人才，从而实现"以赛促创"的长远育人目标（图2-2）。

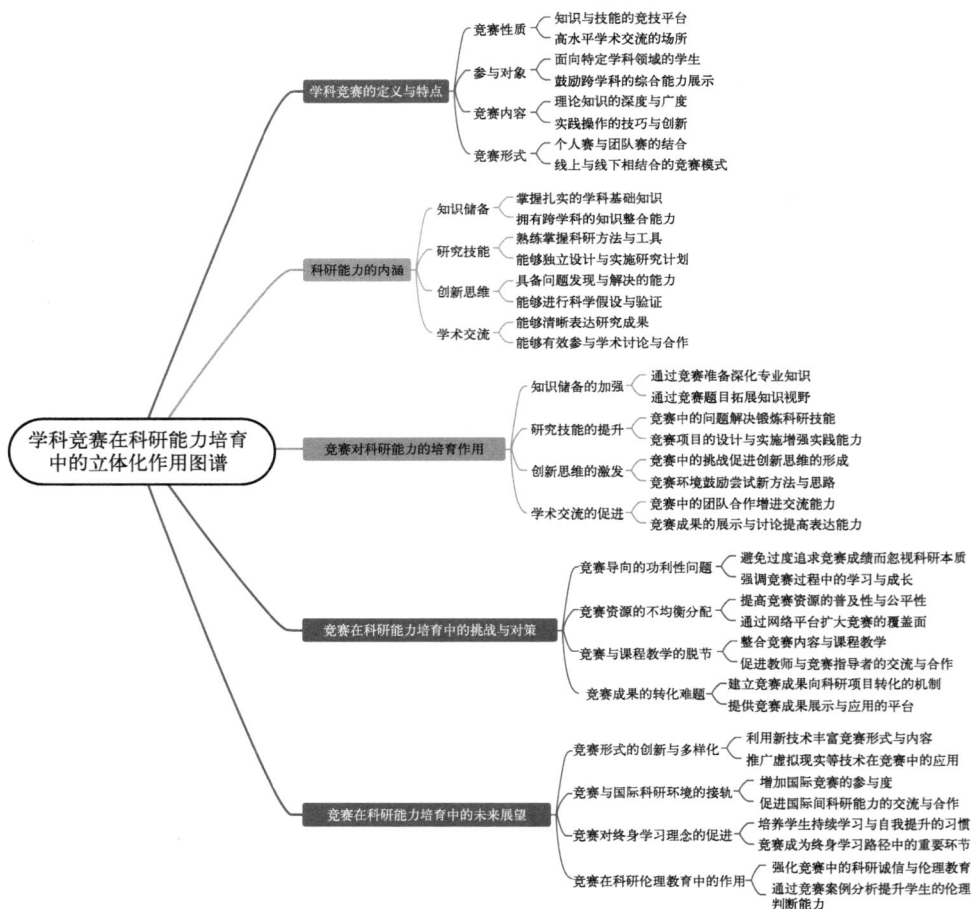

图2-2 学科竞赛在科研能力培育中的立体化作用图谱

第 3 章

大学生学科竞赛能力培养
的成效评估

自 20 世纪 80 年代起，学科竞赛便已悄然脱胎于传统的学术选拔框架，逐步演变为一种具备高度系统性与持续性的教育实践模式。这一转变不仅体现了教育理念的不断革新，更彰显了学科竞赛在推动教育发展、激发学生潜能方面的重要作用。根据经济合作与发展组织（OECD）教育指标数据库的权威数据显示，全球范围内已有高达 76% 的经合组织成员国将学科竞赛成绩纳入其教育质量评估体系之中。这一数据背后，折射出学科竞赛已不再局限于传统的竞赛范畴，而是跃升为衡量一个国家或地区教育成效、学生综合素质的关键维度。

评估学科竞赛能力的成效，绝非是对学生竞赛成果的简单量化或排名。它更像是一面镜子，能够映照出学生在竞赛过程中所展现出的多维能力：创新思维如同火花，点燃探索未知的热情；实践能力则是连接理论与现实的桥梁，让学生在实践中深化理解、提升技能；团队协作精神如同纽带，将个体力量汇聚成集体智慧；而问题解决能力，则是学生在面对挑战时，展现出的坚韧与智慧。这一综合评估过程，旨在引导学生进行深刻的自我审视，帮助他们清晰认识自身优势与不足，从而明确未来的努力方向。同时，评估结果也为教育教学提供了宝贵的反馈，促使教师不断优化教学方法，实现教学相长，共同推动人才培养质量的持续提升。

在构建科学评估体系的过程中，评估原则的选择至关重要。我们应始终坚守公正性、客观性与全面性三大原则。公正性是评估的基石，它要求评估过程必须远离任何外部因素的干扰，确保每位学生的表现都能得到一视同仁的公平对待。客观性是评估的生命线，它强调评估依据必须基于实际数据与事实，避免任何主观臆断或偏见的影响。全面性要求评估内容必须覆盖学生在竞赛中的各个方面，从方案设计到实验操作，从数据分析到成果展示，再到团队协作，每一个环节都不容忽视，以确保评估结果的全面性与准确性。

评估方法的选择，是构建科学评估体系的核心环节。我们应巧妙结合定量分析与定性评价，形成互补优势。定量分析如同精确的尺子，能够通过竞赛成绩、获奖等级等硬性指标，直观反映学生的竞赛成果。而定性评价则更像是一把细腻的刻刀，能够深入剖析学生的创新思维、实践能力等软性能力，通过专家评审、学生自评、同伴互评等多种方式，获取更全面、更深入的评估信息。此外，引入第三方评估机制，不仅能够增加评估的透明度与公信力，还能有效避免内部评估可能存在的局限性，从而进一步提升评估质量。

在评估过程中，我们还应充分关注学生的个体差异与成长轨迹。每个学生都是独一无二的个体，他们的竞赛能力展现与提升路径也各不相同。因此，评估应充分尊重学生的个性发展，关注他们在竞赛过程中的成长与变化，而非仅仅聚焦于最终结果。通过纵向对比学生的历史表现，我们可以更清晰地看到他们能力的提升轨迹，为个性化指导提供有力依据。这种以过程为导向的评估方式，不仅能够激发学生的内在动力，还能帮助他们更好地规划未来，实现自我超越。

3.1 学生能力提升的评估

3.1.1 能力提升维度的确定

在大学生学科竞赛蓬勃开展的当下，对学生能力提升进行精准且全面的评估，已然成为衡量竞赛成效的核心关键环节。这一评估工作不仅关乎竞赛本身价值的体现，更对学生个人的成长与发展以及高校人才培养质量的提升有着深远影响。而学生能力提升维度的精准确定，绝非易事，需要综合且深入地考量学科竞赛的独特特性以及学生全面发展的多元需求。唯有如此，才能构建出科学合理、切实可行的评估体系。

（1）物理竞赛

以物理竞赛为例，其鲜明的特性决定了在评估学生能力提升时，专业知识与技能维度占据着举足轻重的地位。物理竞赛紧密围绕物理学科知识展开，但绝非局限于书本知识的简单记忆与复述，而是着重考查学生将所学物理知识熟练且灵活地运用到实际问题解决中的能力。在竞赛过程中，学生需要面对各种复杂多变的物理问题情境，这要求他们不仅要对物理概念、原理有深刻透彻的理解，更要能够迅速从记忆中提取相关知识，并精准地运用到具体问题的分析与求解中。这一过程不仅直观地体现了学生对专业知识的掌握程度，更深刻地反映了他们将知识转化为实际应用的能力，是学生物理学科素养的重要体现。

创新与批判性思维维度在物理竞赛中同样不可或缺，甚至是决定学生能否脱颖而出的关键因素。物理竞赛中的许多问题往往具有高度的复杂性和挑战性，没有现成的标准答案和解题思路可供借鉴。这就要求学生在面对这些问题时，必须敢于打破常规思维的束缚，从全新的视角去审视问题，运用独特的思维方式去分析和解决问题。通过不断地尝试新的方法和思路，学生能够逐渐培养出敏锐的创新意识和严谨的批判性思维能力，这对于他们未来的学术研究和职业发展都具有极为重要的意义。

团队协作与沟通维度在物理竞赛中也发挥着至关重要的作用。在许多物理竞赛项目中，学生往往需要以团队的形式共同参与。一个优秀的团队不仅需要每个成员具备扎实的专业知识和较强的个人能力，更需要成员之间能够进行良好的协作与沟通。在团队中，学生需要学会倾听他人的意见和建议，尊重他人的想法和观点，通过有效的沟通与协调，充分发挥各自的优势，形成强大的团队合力。只有这样，才能提高团队的工作效率，更好地应对竞赛中的各种挑战，促进问题的顺利解决。

问题解决与决策能力维度是物理竞赛对学生能力要求的核心体现之一。在竞赛过程中，学生常常会面临各种复杂的物理问题，这些问题可能涉及多个物理领域的知识，且问题的条件往往不够明确，需要学生自己去挖掘和分析。这就要求学生在短时间内迅速识别问题的本质，准确把握问题的关键因素，并运用所学知识和经验，提出切实有效的解决方案。同时，在解决问题的过程中，学生还需要根据实际情况及时做出合理的决策，调整解题思路和方法，以确保问题能够得到妥善解决。

项目管理与执行力维度则主要体现在学生对竞赛项目的整体规划和具体执行过程中。在物理竞赛中，学生需要承担一定的项目任务，这就要求他们能够合理规划项目进度，明确各个阶段的目标和任务，并合理分配资源，确保项目能够有条不紊地进行。学生还需要具备较强的执行力，能够严格按照计划推进项目，及时解决项目实施过程中遇到的各种问题，确保项目能够按时、高质量地完成。

（2）创新创业类竞赛

创新创业类竞赛与物理竞赛在对学生能力提升的评估侧重点上有所不同，它更注重学生的创新能力和实践能力。在创新创业竞赛中，学生需要具备敏锐的市场洞察力，能够及时发现市场需求和潜在的商业机会，还需要敢于突破传统思维的局限，提出新颖独特的创意和解决方案，为市场带来新的价值；创新能力维度则强调学生将创意转化为实际产品或服务的能力。这不仅仅是停留在理论层面的设想，更需要学生具备将创意进行技术实现的能力，包括选择合适的技术手段、解决技术难题等。此外，学生还需要进行商业模式设计，考虑如何将产品或服务推向市场，实现商业价值的最大化。这一过程涉及多个方面的知识和技能，需要学生具备综合运用能力；实践能力维度在创新创业竞赛中至关重要。创新创意只有通过实际的项目操作才能得到验证和完善。学生需要亲自参与项目的各个环节中，从市场调研、产品设计、开发测试到市场推广等，通过不断地实践和摸索，积累丰富的实践经验，提高自己的实践能力。只有在实践中，学生才能真正发现问题、解决问题，不断完善自己的创意和方案；综合素质维度涵盖了学生的沟通能力、团队协作能力、领导力等多个方面。在创新创业过程中，学生需要与不同背景的人进行合作与交流，包括团队成员、导师、投资者、客户等。良好的沟通能力能够帮助学生更好地表达自己的想法和观点，理解他人的需求和意见，从而促进合作的顺利进行。团队协作能力则能够让学生充分发挥团队的优势，实现资源的优化配置，共同攻克创业过程中遇到的各种难题。而领导力则能够让学生在团队中发挥核心作用，带领团队朝着既定的目标前进。这些能力对于学生未来的职业发展具有重要意义，无论是在创业领域还是在企业就业中，都将是他们取得成功的关键因素；商业转化维度是创新创业竞赛的最终目标。学生参加创新创业竞赛不仅仅是为了获得奖项和荣誉，更重要的是要将自己的创意和项目转化为实际的商业成果，实现经济效益和社会效益的双赢。这需要学生具备商业运营的能力，包括市场推广、财务管理、风险管理等方面的知识和技能。只有成功实现商业转化，学生的创新创业活动才能真正产生价值，为社会做出贡献。

（3）土木水利与海洋工程竞赛

土木水利与海洋工程竞赛则侧重于学生的专业知识应用、创新设计和实践能力。专业知识应用维度要求学生熟练掌握土木水利与海洋工程领域的专业知识，并能够在竞赛项目中灵活运用。在竞赛中，学生需要根据具体的项目需求，准确运用相关专业知识，进行工程设计和分析，确保工程项目的安全性和可靠性。

创新设计维度鼓励学生在工程设计中提出新颖的设计理念和方法，提高工程项目的创新性和竞争力。随着科技的不断发展和社会的不断进步，土木水利与海洋工程领域也面临着许多新的挑战和机遇。学生需要敢于突破传统设计的束缚，运用创新思维和技术手段，提出更加科学合理、节能环保、具有前瞻性的设计方案，为解决实际工程问题提供新的思路和方法。

实践能力维度强调学生通过实际的项目操作来提高自己的工程实践能力，包括工程设计、施工管理等方面。土木水利与海洋工程是一门实践性很强的学科，学生只有通过参与实际的项目，才能真正掌握工程实践技能，了解工程项目的实施流程和管理方法。在竞赛中，学生需要亲自参与工程设计和施工管理的各个环节中，通过不断地实践和总结，提高自己的工程实践能力，为未来的职业发展打下坚实的基础。

综合素质维度涵盖了学生的沟通能力、团队协作能力、问题解决能力等多个方面。在土木水利与海洋工程领域，工程项目往往规模较大，涉及的参与方较多，需要学生具备良好的沟通能力和团队协作能力，才能与各方进行有效的沟通和协作，确保工程项目的顺利进行。同时，在工程项目实施过程中，难免会遇到各种问题和挑战，学生需要具备较强的问题解决能力，能够及时发现问题、分析问题，并提出有效的解决方案。

综上所述，为了确保评估框架的适用性和科学性，我们需要对不同学科竞赛的能力侧重点进行深入细致的分析。物理竞赛虽然侧重于学科兴趣、思维能力、数学素养与科学探究等方面的培养，但在评估学生能力提升时，还需要补充创新能力、综合素质等维度，以全面反映学生在竞赛中的成长和发展。创新创业类竞赛的核心维度包含知识应用、创新能力、实践能力、综合素质和商业转化等方面，这些维度相互关联、相互促进，共同构成了对学生创新创业能力的全面评估体系。土木水利与工程类竞赛的评估维度需包括专业知识应用、创新设计和实践能力等方向，同时也不能忽视学生的综合素质培养。通过对各类学科竞赛的能力侧重点进行系统深入的分析，需要构建一个更加全面、科学、合理的评估框架，为大学生学科竞赛的有效开展和学生能力的全面提升提供有力的支持。

3.1.2　评估指标体系设计

（1）一级指标确定的依据与意义

① 创新思维。创新是推动社会进步的核心动力，在竞赛场景中，创新思维尤为关键。具备创新思维的学生能够突破传统思维模式，提出新颖独特的解决方案，为竞赛项目注入新的活力。无论是科技发明类竞赛，还是学术研究类竞赛，创新思维都是脱颖而出的关键因素。它鼓励学生敢于质疑、勇于探索，培养学生从不同角度思考问题的能力，对学生未来的学术研究和职业发展都具有深远影响。

② 实践能力。实践能力是将理论知识转化为实际成果的关键能力。竞赛往往要求学生将所学知识应用到实际操作中，通过实验、设计、制作等环节，检验和提升学生的实践动手能力。在工程类竞赛中，学生需要亲自动手搭建模型、调试设备；在科研类竞赛中，学生要进行实验操作、数据采集与分析。实践能力的培养不仅有助于学生更好地掌握专业知识，还能提高他们解决实际问题的能力，使学生更适应未来工作岗位的需求。

③ 团队协作精神。在现代社会，许多复杂的任务都需要团队合作才能完成。竞赛中的团队项目为学生提供了培养团队协作精神的良好契机。在团队协作过程中，学生需要学会沟通交流、分工协作、相互支持，共同为实现团队目标而努力。通过团队竞赛，学生能够理解团队成员的不同角色和优势，学会发挥自己的长处，弥补团队的不足，提高团队的整体效能。团队协作精神的培养有助于学生在未来的职业生涯中更好地融入团队，与他人合作完成复杂项目。

④ 问题解决能力。竞赛中充满了各种复杂的问题和挑战，学生需要运用所学知识和技能，分析问题的本质，寻找有效的解决方案。问题解决能力是学生综合素质的重要体现，它涉及学生的知识储备、思维能力、应变能力等多个方面。通过参与竞赛，学生不断锻炼自己解决问题的能力，学会在压力下冷静思考、迅速决策，这对他们未来应对生活和工作中的各种问题都具有重要意义。

⑤ 学术表达能力。学术表达能力是学生在学术领域进行交流和展示的重要能力。在竞赛中，学生需要通过撰写报告、进行答辩等方式，清晰、准确地表达自己

的研究思路、成果和观点。良好的学术表达能力不仅能够使学生更好地展示自己的能力和成果，还能促进学术交流与合作。它要求学生具备严谨的逻辑思维、准确的语言表达和规范的学术写作能力，对学生未来从事学术研究和专业工作都至关重要。

（2）二级指标的细化与解释

① 创新思维。

创意新颖性：主要考查学生提出的创意或想法在概念、方法、应用等方面是否具有独特性和创新性，是否能够突破传统思维的束缚，提出与众不同的观点或解决方案。例如，在科技创新竞赛中，学生设计出一种全新的能源转换装置，其原理和结构与现有技术有明显区别，这就体现了较高的创意新颖性。

方案可行性：创意不仅要新颖，还需具备在现实条件下实现的可能性。方案可行性评估学生提出的创新方案在技术、经济、时间等方面是否可行。其包括是否有合适的技术手段来实现方案，所需成本是否在可承受范围内，以及在规定时间内能否完成项目等。比如，在一个环保项目竞赛中，学生提出利用某种新型微生物处理污水的方案，但经过调研发现，目前该微生物的培养技术尚未成熟，且成本过高，这就说明该方案在可行性方面存在问题。

② 实践能力。

实验操作技能：针对涉及实验环节的竞赛，考查学生在实验仪器使用、实验步骤执行、实验数据采集等方面的熟练程度和准确性。例如，在化学实验竞赛中，学生能否正确操作各种化学仪器，准确量取试剂，按照规范步骤进行实验反应，并如实记录实验数据，这些都是实验操作技能的体现。

数据分析能力：在获取实验数据或调查数据后，学生需要对数据进行整理、分析和解释，以得出有价值的结论。数据分析能力包括数据清洗、统计分析方法的运用、数据可视化等方面。比如，在市场调研类竞赛中，学生通过问卷调查收集了大量数据，能否运用合适的统计软件对数据进行分析，绘制图表并直观展示数据特征，从而发现市场趋势和问题，就反映了其数据分析能力的高低。

③ 团队协作精神。

沟通协作能力：良好的沟通是团队协作的基础。该指标考察学生在团队中的沟通表现，包括能否清晰表达自己的想法和观点，认真倾听他人的意见，积极回应团队成员的需求，以及在团队讨论中能否协调各方观点，达成共识。例如，在一个团队设计项目中，团队成员需要定期召开会议讨论设计方案，成员之间能否有效地沟通设计思路、协调设计分歧，就体现了沟通协作能力。

角色适应能力：每个团队成员在项目中都有不同的角色和职责，角色适应能力评估学生能否快速适应自己在团队中的角色，充分发挥自己的优势，为团队做出贡献。例如，在软件开发团队中，有的成员擅长编程，有的成员擅长测试，成员能否明确自己的职责，做好本职工作，并与其他成员密切配合，就反映了角色适应能力。

④ 问题解决能力。

问题分析能力：面对竞赛中的问题，学生首先需要准确理解问题的本质和关键所在，分析问题产生的原因和可能的影响因素。问题分析能力包括对问题的抽象概括能力、逻辑推理能力以及对相关知识的运用能力。例如，在数学建模竞赛中，学生需要将实际问题转化为数学模型，这就要求他们具备敏锐的问题分析能力，能够从复杂的实际情境中提取关键信息，建立合理的数学模型。

方案制定与执行能力：在分析问题后，学生需要制定具体的解决方案，并有效地执行该方案。方案制定能力考查学生能否根据问题分析的结果，提出多种可行的解决方案，并综合考虑各种因素选择最优方案。方案执行能力则关注学生在实施解决方案过程中的组织协调能力、应变能力和执行力。比如，在一个工程修复项目竞赛中，学生制定了修复方案后，能否按照计划有序地组织施工，在遇到突发问题时能否及时调整方案，确保项目顺利进行，就体现了方案制定与执行能力。

⑤ 学术表达能力。

书面表达能力：主要体现在学生撰写竞赛报告、论文等书面材料时的表现。包括语言表达的准确性、逻辑性、规范性，以及对学术规范的遵循情况。例如，在学术论文写作中，学生能否运用准确的专业术语，合理组织文章结构，按照学术论文的格式要求进行写作，引用文献是否规范等，都是书面表达能力的重要体现。

口头表达能力：在竞赛答辩、成果汇报等场合，学生需要通过口头表达来展示自己的成果和观点。口头表达能力考查学生的语言流畅度、表达清晰度、感染力，以及对时间的把控能力。例如，在竞赛答辩中，学生能否在规定时间内清晰、简洁地阐述自己的研究成果，回答评委的提问，与评委进行有效的互动，就反映了其口头表达能力的水平。

（3）指标权重分配

① 层次分析法（AHP）的应用原理与步骤。

层次分析法是一种将复杂问题分解为多个层次，通过建立层次结构模型，对各层次元素进行两两比较，确定相对重要性权重的方法。它将人的主观判断用数量形式表达和处理，使决策过程更加科学、系统。在竞赛能力成效评估体系中，运用层次分析法可以将一级指标和二级指标按照不同层次进行划分，通过比较各指标之间的相对重要性，确定其权重。

建立层次结构模型：将竞赛能力成效评估体系分为目标层（竞赛能力成效评

估）、准则层（一级指标，如创新思维、实践能力等）和指标层（二级指标，如创意新颖性、实验操作技能等）。

构造判断矩阵：针对准则层中的每一个元素，对指标层中与之相关的元素进行两两比较，根据相对重要程度赋予相应的数值（通常采用 1 ～ 9 标度法），构建判断矩阵。例如，在比较创新思维下的创意新颖性和方案可行性时，如果认为创意新颖性比方案可行性稍微重要，可赋予创意新颖性相对于方案可行性的标度值为 3。

层次单排序及一致性检验：计算判断矩阵的最大特征值和特征向量，得到各指标相对于上一层次对应元素的相对权重，即层次单排序。同时，通过一致性指标（CI）和随机一致性指标（RI）计算一致性比例（CR），进行一致性检验。当 CR < 0.1 时，认为判断矩阵具有满意的一致性，否则需要重新调整判断矩阵。

层次总排序：计算各指标相对于目标层的组合权重，即层次总排序。通过将层次单排序的结果进行合成，得到各二级指标在整个评估体系中的最终权重。

② 德尔菲法的实施过程与作用

德尔菲法是一种通过多轮专家咨询，征求专家意见，对复杂问题进行预测和评估的方法。在竞赛能力成效评估体系的指标权重分配中，实施德尔菲法主要包括以下步骤：

选择专家：挑选在竞赛组织、教育教学、相关学科领域具有丰富经验和专业知识的专家组成专家小组。专家应涵盖不同背景和领域，以确保意见的全面性和代表性。

设计问卷：根据评估指标体系，设计包含各指标权重赋值的问卷。问卷中应明确说明评估的目的、指标的含义和解释，以及权重赋值的方法和要求。

开展多轮咨询：向专家发放问卷，征求专家对各指标权重的意见。回收问卷后，对专家意见进行统计分析，计算各指标权重的均值、标准差等统计量，并将统计结果反馈给专家，进行下一轮咨询。一般经过 2 ～ 3 轮咨询，专家意见趋于稳定。

确定权重：根据最后一轮专家咨询的结果，综合考虑专家意见的集中程度和离散程度，确定各指标的最终权重。

德尔菲法的主要作用在于充分利用专家的经验和知识，避免个人主观因素对权重分配的影响。通过多轮匿名咨询和反馈，专家可以在参考其他专家意见的基础上，不断调整自己的判断，使权重分配更加科学合理。同时，德尔菲法还可以对专家意见的一致性进行检验，确保权重分配结果的可靠性。

（4）评估方法选择

① 定量分析方法的具体应用与优势。

竞赛成绩统计：竞赛成绩是学生在竞赛中表现的直接量化结果，能够直观反映学生在知识掌握、技能运用等方面的水平。例如，在数学竞赛中，学生的考试得分可以清晰地展示他们对数学知识的理解和解题能力。通过对竞赛成绩的统计分析，可以计算平均分、中位数、标准差等统计量，了解学生成绩的分布情况，评估学生整体的学习效果和竞赛表现。同时，还可以对不同组别（如不同年级、不同学校）的学生成绩进行比较、分析差异，为教学改进和竞赛组织提供参考。

获奖等级量化：对于有明确获奖等级的竞赛，将获奖等级进行量化处理，可以更细致地评估学生的竞赛成果。例如，将一等奖量化为 5 分，二等奖量化为 3 分，三等奖量化为 1 分。通过对学生获奖等级的量化统计，可以计算每个学生的量化得分，进而分析不同学生或团队在竞赛中的相对表现。这种量化方式可以在一定程度上消除不同竞赛难度差异的影响，便于对学生的竞赛成果进行综合比较和评估。

定量分析方法具有客观性、准确性和可比性的优势。通过具体的数据和统计分析，可以直观地反映学生的竞赛成果和能力水平，为评估提供明确的依据。同时，定量分析结果可以进行标准化处理，便于不同学生、不同竞赛之间的比较和评价，有利于发现学生的优势和不足，为个性化的教学指导提供支持（图 3-1）。

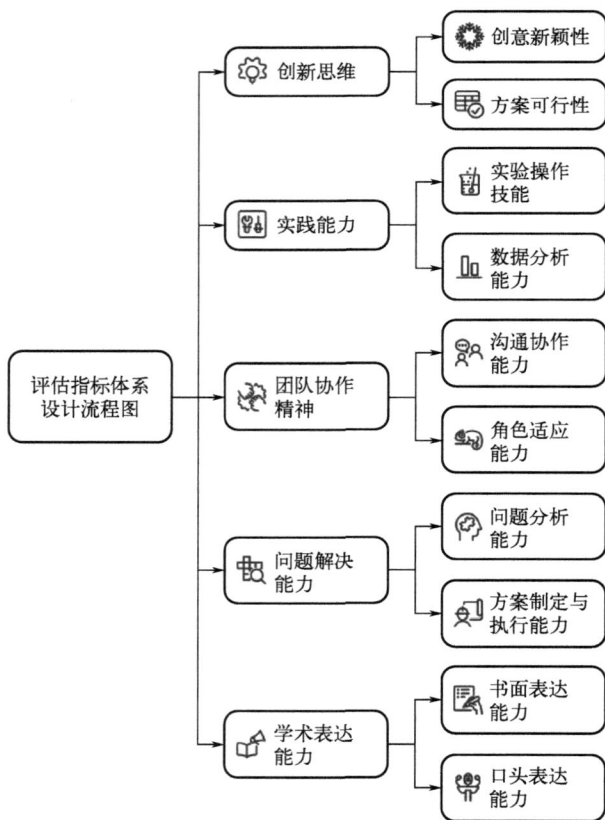

图 3-1 评估体系设计流程图

② 定性评价方法的实施方式与价值。

专家评审：邀请相关领域的专家对学生的竞赛作品、表现进行评价。专家凭借其丰富的专业知识和经验，从专业角度对学生的创新思维、实践能力、问题解决能力等方面进行深入分析和评价。例如，在科技创新竞赛中，专家可以对学生的发明创造进行技术评估，判断其创新性、实用性和可行性，并提出改进建议。专家评审能够为学生提供专业的指导和反馈，帮助学生提升能力。

学生自评：让学生对自己在竞赛过程中的表现进行自我评价。学生通过回顾自己在竞赛中的学习过程、参与度、遇到的问题及解决方法等，对自己的能力提升和收获进行反思。例如，学生可以评价自己在团队协作中的沟通能力是否有所提高，在问题解决过程中是否学会了新的方法和思路。学生自评有助于培养学生的自我反思能力，促进学生的自主学习和成长。

同伴互评：组织学生之间相互评价。同伴之间在竞赛过程中密切合作，对彼此的表现有更直接的了解。通过同伴互评，学生可以从不同角度发现自己的优点和不足，学习他人的长处。例如，在团队竞赛中，成员可以评价其他成员在团队协作中的贡献、在任务执行中的表现等。同伴互评能够促进学生之间的交流与学习，增强团队凝聚力。

定性评价方法能够深入了解学生在竞赛过程中的思维过程、情感体验和综合素质的发展，弥补定量分析方法的不足。它可以关注到学生的软性能力，如创新思维的形成过程、团队协作中的人际关系处理等，这些方面往往难以通过定量数据来体现。定性评价方法还可以为学生提供个性化的反馈和建议，帮助学生更好地认识自己，明确努力方向。

③ 综合评估模型的构建与应用。

构建方法：综合评估模型将定量分析和定性评价方法相结合，充分发挥两者的优势。首先，根据指标权重分配的结果，对定量分析数据（如竞赛成绩、获奖等级量化得分）进行加权计算，得到学生在定量指标方面的综合得分。然后，对定性评价数据（如专家评审得分、学生自评得分、同伴互评得分）进行整理和统计，同样根据指标权重进行加权计算，得到学生在定性指标方面的综合得分。最后，将定量指标综合得分和定性指标综合得分按照一定的比例进行合成，得到学生的最终竞赛能力成效评估得分。例如，可以设定定量指标综合得分占总分的60%，定性指标综合得分占总分的40%，通过加权求和计算最终得分。

应用示例：以某学科竞赛为例，假设一名学生的竞赛成绩经过量化处理后得分为80分，获奖等级量化得分为4分，专家评审平均得分为85分，学生自评得分为80分，同伴互评平均得分为82分。根据之前确定的指标权重，定量指标权重为0.6，定性指标权重为0.4。首先计算定量指标综合得分（分）：（80 + 4）×0.6 = 50.4；再计算定性指标综合得分（分）：$(85 + 80 + 82) \div 3 \times 0.4 = 33.6$；最后计算最终评估得分（分）：$50.4 + 33.6 = 84$。通过综合评估模型，可以全面、客观地评价学生在竞赛中的能力成效，为学生提供更准确的反馈和评价，也为竞赛组织方和教育教学部门提供更有价值的决策依据。

3.1.3　评估体系实施与验证

（1）评估流程

① 评估准备环节。

组建专业评估团队：评估团队的专业素养和能力直接关系到评估工作的质量。团队成员应包括教育领域的专家学者，他们具备深厚的教育理论知识和丰富的研究经验，能够从宏观教育视角对评估工作进行指导；竞赛组织方面的专业人员，熟悉竞赛的规则、流程和特点，能为评估提供与竞赛紧密相关的见解；一线教师，与学生密切接触，了解学生的实际情况和需求，在评估过程中可以提供丰富的实践信息。在组建团队后，要对成员进行系统培训，使其熟悉评估体系的各项指标、评估方法以及操作流程，确保评估工作的一致性和准确性。

明确评估目标与范围：在开展评估工作之前，必须清晰界定评估的目标和范围。评估目标要紧密围绕竞赛能力成效评估体系的构建初衷，例如是为了全面了解学生在竞赛中的能力提升情况，还是侧重于分析某一特定竞赛对学生某方面能力的影响。明确评估范围，包括确定参与评估的竞赛类型、学生群体、评估的时间跨度等。

筹备评估资源：充足的资源是评估工作顺利进行的保障。这包括人力资源，如安排专人负责数据收集、数据分析等工作；物力资源，准备用于数据收集的设备，如问卷印刷设备、电子数据采集终端等；财力资源，预留足够的资金，如用于评估工具的设计、数据处理软件的购买、专家咨询费用等方面的支出。

② 数据收集环节。

明确数据收集内容：根据评估指标体系，确定需要收集的数据内容。定量数据主要包括竞赛成绩、获奖等级、项目完成时间等。例如，记录学生在竞赛中的得分情况，包括各环节的得分和总成绩；统计学生获得的奖项等级，如一等奖、二等奖、三等奖等；记录项目从启动到完成所花费的时间，以评估学生的工作效率。定性数据则通过专家评审意见、学生自评报告、同伴互评反馈等方式获取。专家评审意见可以从专业角度评价学生的创新思维、实践能力等方面；学生自评报告能让学生反思自己在竞赛中的表现，包括优点和不足；同伴互评反馈可以反映学生在团队协作中的表现。

选择数据收集方式：采用多种方式收集数据，以确保数据的全面性和准确性。对于竞赛成绩和获奖等级等数据，可以从竞赛组织方、学校教务系统等官方渠道获取。专家评审可以通过组织专家评审会议或采用在线评审系统进行，专家根据评估指标对学生的竞赛作品或表现进行评价打分，并撰写评审意见。学生自评和同伴互评可以通过设计调查问卷或评估量表进行，让学生在规定的时间内完成自评和互评，并将结果反馈给评估工作小组。

③ 数据分析阶段。

定量数据分析：运用合适的统计方法对定量数据进行分析。对于竞赛成绩和获奖等级等数据，可以进行描述性统计分析，计算平均值、中位数、标准差等统计量，了解学生在竞赛中的整体表现和成绩分布情况。例如，计算所有参赛学生的平均成绩，分析成绩的集中趋势和离散程度；统计不同获奖等级的学生人数和比例，了解学生在竞赛中的获奖情况。还可以采用相关性分析、方差分析等方法，探讨不同因素对学生竞赛成绩的影响。例如，分析学生的专业背景、前期培训经历等因素与竞赛成绩之间的相关性。

定性数据分析：对定性数据进行归纳和总结，提取关键信息和评价意见。对于专家评审意见、学生自评报告和同伴互评反馈等文本数据，可以采用内容分析法进行处理。首先，对文本进行编码，将文本内容划分为不同的主题或类别，如创新思维、实践能力、团队协作等；然后，统计每个主题或类别出现的频率和重要性程度，分析学生在各个方面的表现特点。例如，通过内容分析发现，专家评审意见中多次提到某些学生在创新思维方面表现出色，而部分学生在团队协作方面存在不足。

综合分析：将定量分析结果和定性分析结果相结合，进行综合分析。综合考虑学生在各个评估指标上的表现，全面评价学生的学科竞赛能力成效。例如，如果一个学生在竞赛成绩上表现优秀，但在专家评审意见中被指出团队协作能力有待提高，那么在综合评价时就需要全面考虑这两个方面的情况，给出客观、准确的评价结论。

为了确保评估框架的科学性和可操作性，我们需要对维度命名进行统一，并区分学科特异性。例如，在物理竞赛中，可以设置"数学建模能力"等学科特异性维度；在体育竞赛中，可以设置"市场需求分析"等学科特异性维度。我们还需要设计可测量指标体系，通过对各学科竞赛的具体量化指标案例和评估工具设计方法进行搜集，我们可以完善可测量指标体系。例如，在物理竞赛中，可以采用实验设计、成绩对比等方法来量化学生的能力提升；在创新创业竞赛中，可以采用专利数量、项目落地可行性等方法来量化学生的创新和实践能力。

在评估方法的选择上，我们需要区分主观自评与客观指标，结合项目落地成果建立长期数据收集机制。例如，在体育创新创业竞赛的评估中，可以聚焦量化指标（如市场潜力、创新成果），使用模糊隶属度函数消除量纲差异。我们还需要进一步探索物理竞赛的数学建模能力、土木水利竞赛的工程规范性等学科特异性量化指标案例。通过对结构设计竞赛的能力评估体系进行深入研究，我们可以发现其量化指标包括结构安全性、经济性、创新性、实践能力及综合素质等维度及其评估方法。我们还可以采用多阶段评审体系并结合混合数据收集，既包含客观测试结果又包含主观专家评分。

（2）评估体系验证

① 试点评估。

试点评估是对评估体系进行初步检验的重要环节。选择具有代表性的试点对象，如选择不同年级、不同专业的部分学生群体参与试点评估。这些试点对象要涵盖评估体系所涉及的各种类型的学生，以便全面检验评估体系在不同学生群体中的适用性。同时，试点对象所在的竞赛环境也要具有多样性，包括不同类型的竞赛、不同的竞赛组织方式等，以考察评估体系在不同竞赛场景下的有效性。按照设计好的评估流程和方法，对试点对象进行全面评估。在评估过程中，要详细记录出现的问题和遇到的困难，包括数据收集过程中问卷回收率低、评估量表填写不规范等问题，以及数据分析过程中发现的数据异常情况等。收集试点对象对评估体系的反馈意见，了解他们对评估指标、评估方法的理解和感受。对试点评估收集到的数据进行深入分析，重点关注评估结果是否符合预期，是否能够准确反映试点对象的竞赛能力成效。例如，通过分析试点学生的竞赛成绩与评估体系给出的综合评价之间的关系，判断评估体系是否能够有效区分不同能力水平的学生。分析评估过程中发现的问题和反馈意见，找出评估体系存在的不足之处，为后续的调整和优化提供依据。

② 专家论证。

邀请教育测量学、学科领域、竞赛组织等多方面的专家组成论证小组。教育测量学专家可以从评估的科学性和规范性角度对评估体系进行审查；学科领域专家能够根据学科特点和专业知识，对评估指标的合理性和有效性进行判断；竞赛组织专家则从竞赛实践的角度，对评估体系在实际竞赛中的可行性和实用性提出意见。确保专家组成员具有广泛的代表性和权威性，能够全面、深入地对评估体系进行论证。召开专家论证会议，向专家详细介绍评估体系的设计理念、评估指标、评估方法等内容。专家在充分了解评估体系的基础上，对评估体系的信度和效度进行论证。信度方面，专家主要考察评估体系是否能够稳定、一致地测量学生的竞赛能力成效，如评估结果是否会受到评估时间、评估人员等因素的影响。效度方面，专家重点关注评估体系是否真正测量了想要测量的内容，即评估指标是否能够准确反映学生的竞赛能力。专家们通过讨论、质疑、提出建议等方式，对评估体系进行全面审查。认真梳理专家提出的意见和建议，对评估体系进行针对性的调整和优化。如果专家认为某些评估指标过于抽象，难以准确测量，就需要对这些指标进行细化或修改；如果专家指出评估方法存在局限性，就需要探索更合适的评估方法。通过吸收专家的智慧，不断完善评估体系，提高其科学性和可靠性。

3.2　培养机制的优化

3.2.1　现有培养机制的痛点诊断

为了完善诊断，我们需要重点补充体育竞赛特有问题、工程类竞赛痛点和政策执行偏差等方面的资料。

在完善痛点分析的基础上，我们需要从资源优化、组织管理和激励机制三方面重构培养机制。通过建立校际资源共享平台，我们可以实现资源的优化配置。

3.2.2　培养机制的重构策略

在完成培养机制的重构后，我们需要构建一个良性循环的竞赛生态，确保各环节协同运作。通过整合评估框架和培养机制的研究成果，我们可以形成一个完整的体系，促进学生能力的全面提升，推动高校学科竞赛的健康发展。

在资源优化方面，我们发现不同高校、学科间存在明显的"特权效应"，且长期激励不足，导致低年级学生参与机会少，优秀学生压力过大。为了解决这些问题，我们需要进一步收集理工科竞赛资源分配不足的具体案例，并结合特定竞赛类型（如体育＋创新、结构设计）补充针对性痛点分析。调研表明竞赛培养机制存在资源分配不均、组织管理缺陷和激励机制不足三大类共 10 个具体问题。初步分析显示学校类型差异、学科侧重失衡和低年级参与门槛是影响学生参与公平性的关键因素。

在组织管理方面，我们注意到当前培养体系存在目标功利化、跨系统协作低效以及忽视学生综合素质培养等共性问题。通过对体育类竞赛培养机制现存问题的调研，我们发现其主要存在资源分配、组织管理和激励机制三大类问题，尤以经费不足和师资薄弱最为突出。我们还发现当前培养体系存在目标功利化、跨系统协作低效以及忽视学生综合素质培养等共性问题。接下来需要深入研究工程类竞赛（如结构设计）的特有问题。通过对结构设计竞赛的资源不足案例进行搜索，我们可以发现其存在师资场地不足、硬件限制及专业软件依赖等资源问题，需要跨学科支持与教辅机构协助。我们还观察到组织管理方面存在学生基础薄弱、课程融合不足及激励机制缺失等问题，影响参与度与持续性。

在激励机制方面，我们发现当前缺乏跨校资源共享、课程分层培养、校企合作孵化和竞赛学业冲突解决的具体机制。接下来需要重点搜集高校跨校资源共享案例，确保竞赛策略更具系统性和可操作性。通过对体育竞赛分层培养案例、校企合作孵化器运营模式、竞赛周期协调方案及教师激励细则等关键信息进行搜集，我们可以完善分层培养的实操细节与跨学科适配性。为了确保优化策略的系统性和可操作性，我们需要进一步研究跨校资源共享机制、分层课程设计、监管制度及成果转化平台等关键问题。通过对高校白名单赛事管理进行研究，我们可以聚焦赛事准入机制、学分挂钩政策和资源倾斜三大策略方向。我们发现当前缺乏跨校资源共享、课程分层培养、校企合作孵化和竞赛学业冲突解决的具体机制。接下来需要重点搜集高校跨校资源共享案例，确保竞赛策略更具系统性和可操作性。通过对体育竞赛分层培养案例、校企合作孵化器运营模式、竞赛周期协调方案及教师激励细则等关键信息进行搜集，我们可以完善分层培养的实操细节与跨学科适配性。

在构建完整的培养机制时，我们需要将资源优化、组织管理和激励机制三个方面有机结合起来。通过建立校际资源共享平台，实现资源的优化配置，例如通过虚拟实验平台、实体资源共建及校企协同三方面进行优化，有助于弥补某些高校硬件不足问题。跨校团队组建与分层培养模式可促进学科互补提升项目质量，而将跨校指导计入教师工作量能有效推动资源整合。我们还需要进一步探索资源公平分配机制、分层培养课程设计细节以及将竞赛成果与教师职称评定的挂钩策略。

最后，我们需要构建一个良性循环的竞赛生态，确保各环节协同运作。通过整合评估框架和培养机制的研究成果，我们可以形成一个完整的体系，促进学生能力的全面提升，推动高校学科竞赛的健康发展。

第 4 章

国内部分大学生
学科竞赛实践

大学物理，作为理工科教育体系中不可或缺的基石课程，其理论体系犹如一棵枝繁叶茂的大树，深深扎根于科学知识的土壤，其根系所触及之处，广泛影响着工程、材料科学、信息科学等诸多领域的发展脉络。在工程领域，从宏伟壮观的桥梁设计到精密复杂的机械制造，从高效运转的能源系统到智能便捷的交通工具，大学物理所涵盖的力学、热学、电磁学等知识，为工程师们提供了坚实的理论基础，使得他们能够在遵循物理规律的前提下，不断优化设计方案，提高工程的质量与效率。在材料科学领域，物理原理的运用推动了新型材料的研发与应用。从高强度的纳米材料到具有特殊电学、磁学性能的功能材料，大学物理的知识为材料科学家们探索微观世界、揭示材料性能的本质提供了关键钥匙。在信息科学领域，量子力学、固体物理等物理知识更是为半导体技术、光通信技术、量子计算等前沿领域的发展奠定了基础，引领着信息技术不断向更高层次迈进。

在高等教育改革持续深化、不断向纵深推进的时代背景下，大学生学科竞赛犹如一颗璀璨的新星，在高等教育的天空中熠熠生辉，成为课堂教学的有效延伸与重要补充。它宛如一座桥梁，连接着理论知识与实际应用，为学生们搭建了一个将所学知识转化为实践能力的广阔平台。而在众多学科竞赛中，物理类学科竞赛以其独特的魅力与挑战性，成为培养学生综合素质的重要阵地。在物理类学科竞赛的舞台上，学生不仅需要具备扎实深厚的物理基础知识，如同建筑工人拥有坚固的建筑材料一般，还需掌握一系列综合能力，包括精妙的实验设计能力，能够根据竞赛要求，设计出科学合理、具有创新性的实验方案；出色的问题建模能力，将复杂的实际问题抽象为物理模型，运用数学工具进行分析求解；良好的团队协作能力，在团队中发挥各自的优势，相互配合，共同攻克难题；优秀的科研表达能力，能够清晰、准确地阐述自己的研究成果，与他人进行有效的交流与沟通。因此，对物理类学科竞赛的运行机制进行系统深入的分析，探究其对人才培养的实际作用，不仅具有深远的理论价值，能够为学科竞赛的理论研究提供新的视角与思路，更具有重大的现实意义，能够为高校的人才培养实践提供有力的指导与支持。

近年来，随着国家对创新型人才培养战略的大力推进，创新型人才的培养已成为国家发展的重要战略目标。在这一背景下，各类物理竞赛如雨后春笋般蓬勃发展，逐渐成为高校教学改革和育人模式探索的重要抓手。全国大学生物理实验竞赛，以其注重实验操作与创新的特色，为学生们提供了一个展示实验技能与科研思维的舞台。在竞赛中，学生们需要自主设计实验方案，选择合适的实验仪器，完成实验操作，并对实验结果进行深入分析。这一过程不仅锻炼了学生的动手能力，还培养了他们的创新思维与解决实际问题的能力。全国大学生物理学术竞赛则以团队辩论对抗的形式展开，学生们需要针对给定的物理问题进行深入研究，撰写研究报告，并在赛场上进行激烈的辩论。这种竞赛形式不仅考查了学生对物理知识的掌握程度，更注重培养学生的团队协作能力、口头表达能力与逻辑思维能力。国际青年物理学家锦标赛作为一项具有国际影响力的物理竞赛，吸引了来自世界各地的优秀学生参与。它为学生们提供了一个与国际同行交流学习的机会，拓宽了学生的国际视野，培养了学生的跨文化交流能力。

这些竞赛为学生们搭建了一个展示专业能力的绚丽舞台，让他们能够在激烈的竞争中脱颖而出，展现自己的才华与实力。同时，竞赛更在实践中促进了知识向能力的转化。学生们在备赛过程中，需要将所学的物理知识运用到实际问题的解决中，通过不断地实践与探索，加深对知识的理解与掌握，提高自己的实践能力与创新能力。这种"以赛促教、以赛促学、以赛促改"的教育理念，在竞赛的推动下逐渐落地生根。对于教师而言，竞赛为教学提供了新的思路与方法，促使他们不断改进教学内容与教学方法，提高教学质量。对于学生而言，竞赛激发了他们的学习兴趣与学习动力，促使他们主动学习、积极探索，不断提高自己的综合素质。

4.1 物理类学科竞赛

4.1.1 国际青年物理学家锦标赛（IYPT）

国际青年物理学家锦标赛（International Young Physicists' Tournament，IYPT）作为全球顶尖的物理类学科竞赛之一，自创立以来，在推动物理教育改革、培养学生综合能力方面发挥了独特而重要的作用。IYPT 起源于 20 世纪 80 年代的苏联，最初由莫斯科物理技术学院的一位教授在其任教期间发起，最初名为"学生物理战斗"（student physics fight）。1988 年正式定名为国际青年物理学家锦标赛。目前，IYPT 每年由不同国家轮流承办，参赛国数量逐年增加，涵盖欧洲、亚洲、美洲等多个地区。截至 2024 年，已有超过 30 个国家和地区参与该项赛事，形成了较为成熟的国际合作与交流机制。

对于我国高校物理教育而言，IYPT 不仅是国际学术交流的重要窗口，更是推动教学模式创新、提升人才培养质量的宝贵借鉴。随着我国对创新型人才需求的日益增长，深入研究和积极参与 IYPT，有助于我们汲取国际先进教育理念，优化物理教学体系，培养具有国际竞争力的高素质物理人才。

IYPT 竞赛题目的设计独具匠心，兼具实用性与前沿性，每年由国际组织委员会（IOC）精心拟定 17 个题目，并提前一年向全球参赛队伍公布。这些题目紧密围绕日常生活现象、科研热点问题以及工程技术应用，例如"纳米材料的光学特性研究""液固相变过程中的迟滞现象分析""基于物理原理的新型能源转换装置设计"等。

以"纳米材料的光学特性研究"为例，学生需要综合运用量子力学、固体物理等知识，深入探究纳米尺度下材料的光学行为，分析其与宏观材料光学特性的差异及内在机制。这种开放性题目打破了传统物理竞赛题目条件明确、答案唯一的局限，要求学生自主查阅大量文献资料，挖掘问题本质，设计实验方案，提出创新性解决方案。开放性题目对学生能力培养具有深远意义。首先，激发学生的好奇心与探索欲，促使他们主动拓展知识边界，接触学科前沿理论与技术；其次，培养学生的批判性思维和问题解决能力，在面对复杂问题时，能够独立思考、分析利弊，制定合理研究策略；最后，增强学生对物理知识的应用意识，体会物理学科在解决实际问题中的强大力量，提升学习兴趣与动力。

IYPT 采用独特的团队对抗竞赛形式，每支参赛队伍由五名成员组成，在比赛过程中，各队需轮流扮演正方、反方和评论方三种角色。在一轮物理对抗赛中，正方负责针对选定题目进行深入研究，并在规定时间内进行陈述报告，详细阐述问题分析过程、理论模型构建、实验设计与结果讨论；反方则对正方报告提出质疑，从理论依据、实验方法、结果可靠性等方面展开批判性分析；评论方需保持客观中立，对正方和反方的表现进行全面评价，总结优点与不足，并提出建设性意见。IYPT 的比赛日程由主办国组织委员会确定，一般在 5 月到 7 月期间。比赛本身由几轮比赛组成，这几轮比赛被称为"Physics Fights"。前五轮比赛被称为"选拔赛"，所有队伍都要参加五场选拔赛。在比赛开始时，各队抽签组成小组，每组三队。如果队伍总数不能被三整除，则组成一到两组，每组四支队伍。每组进行第一次选拔赛（平行），之后，各队根据抽签决定的方案进行分组比赛。这个过程重复进行，直到所有的选拔赛结束。选拔赛后总分最高的三支队伍进入决赛，最终决出冠军队伍。

（1）比赛角色与规则

在角色转换机制方面，每队在不同阶段赛中角色不断更替，确保每位队员都能充分体验不同角色要求，锻炼多种能力。在一场比赛中，某队在第一阶段作为正方展示研究成果，在第二阶段转换为反方，对其他队伍的报告进行质疑，第三阶段又以评论方身份参与讨论。这种角色转换不仅考验学生的专业知识水平，更注重培养团队协作、沟通交流和应变能力。在团队协作方面，队员们需要明确分工、密切配合，从资料收集、实验操作到报告撰写，每个环节都离不开团队成员的共同努力；在沟通交流方面，无论是陈述观点、回应质疑还是评价他人工作，都要求学生具备清晰的表达能力和良好的倾听技巧；而在角色快速转换过程中，学生的应变能力得到充分锻炼，能够迅速调整思维方式，适应不同角色需求。正方就某一题目做陈述报告，重点吸引听众把关注重点转移到该题所涉及的主要物理概念和结论上来；反方针对正方报告内容的弱点或谬误处，提出质疑，总结正方解决方案和报告陈述的优点和不足，但提问内容不应含有自己对问题的解答，只能讨论正方的解答；评论方就正方与反方的报告陈述提出简短的意见，观摩方不主动参与对抗赛。

（2）评审机制

IYPT 的评分标准科学全面，涵盖多个维度，旨在客观公正地评价参赛队伍的综合实力。评审团由来自不同国家的资深物理学家、物理教育专家组成，他们依据一套严谨的评分体系对各队表现进行打分。在学术表现维度，评审重点关注问题理解与分析的深度、理论模型的合理性与创新性、实验设计的科学性与可行性以及结果讨论的逻辑性与全面性。例如，对于理论模型，不仅考查其是否能够准确解释实验现象，还关注模型是否具有创新性，是否对现有理论有所拓展；对于实验设计，评审会考量实验方案能否有效控制变量、实验仪器的选择是否恰当、实验数据的采集与处理是否规范等。团队协作与交流能力也是评分的重要方面，包括团队成员之间的分工合理性、沟通流畅性以及在对抗赛中角色履行的到位程度。一支团队若能在比赛中展现出高效的协作模式，成员之间相互支持、配合默契，在陈述、质疑和评价环节中表现出良好的交流技巧，将获得较高分数。此外，IYPT 还注重考查学生的应变能力和批判性思维。在面对反方质疑时，正方能否迅速、合理地回应，展现出对问题的深入理解和灵活应变能力；反方提出的质疑是否具有针对性和深度，能否有效挑战正方观点；评论方的评价是否客观公正、见解独到，这些都是评分的关键因素。通过这种全面的评分标准，IYPT 激励参赛队伍在各个方面不断提升，实现知识、能力与素质的全面发展。

在 IYPT 执行委员会的合作下，地方组织委员会提名并组织成立大赛评审团。评审团至少包含五位来自不同国家的成员。每支参赛队至少有一位领队是评审团的成员。但领队本人所在团队参加对抗赛的，领队不得出任评审团成员，并在可能的情况下，不得对同一支参赛队进行两次以上的评分。每个阶段结束后，评审团都会考虑团队成员的所有演示、问题和问题的回答以及讨论的参与情况，对团队进行评分。每位评审团成员打出从 1 到 10 的整数分，最高分和最低分的平均值算作 1 分，然后与其余分数相加。该总和用于计算团队的平均分，平均分乘以各种系数（正方为 3.0 或更少，反方为 2.0，评论方为 1.0），然后转换为分数。总分（SP）是平均分的总和，乘以相应的系数并四舍五入到一位小数。总得分（TSP）等于该队在所有选择性 PF 中的 SP 总和。获胜场次（FW）是选择性 PF 的数量，其中一支队伍在参加相同 PF 的所有三到四支队伍中获得最高的 SP。选择性 PF 中 TSP 最高的三支队伍将参加决赛。如果队伍的 TSP 相等，则由 FW 决定是否参加决赛。如果赢得所有选择性 PF（FW = 5）的球队没有通过 TSP 进入决赛，则其中最好的球队（由 TSP 确定）作为第四队参加决赛。

（3）奖项设置

决赛的出场顺序根据进入决赛的名次决定，名次越高，出场顺序越靠前。奖牌方面，参赛队伍前半部分（四舍五入）的学生将获得奖牌。奖杯方面，决赛获胜队伍的学生将被授予优胜者杯（如果决赛中有两支或三支队伍的 SP 成绩相同，则在 FW 相同的情况下，按照 TSP 最高的队伍提名获胜者）。此外，所有参加决赛的队伍均颁发一等奖证书和金牌；未参加决赛的前五支队伍获得二等奖证书和银牌；进入上半区的所有其他团队的学生将获得第三名证书和铜牌；所有其他学生都会收到参与证书。团队领导者获得表明其团队排名的证书。

（4）IYPT 竞赛的能力培养作用

在 IYPT 备赛过程中，学生对物理理论知识的掌握实现了从广度到深度的双重提升。面对竞赛题目，学生需要系统梳理大学物理及相关专业课程的知识体系，如力学、热学、电磁学、光学、原子物理、量子力学等。以"液固相变过程中的迟滞现象分析"这一题目为例，学生不仅要运用热力学与统计物理中的相变理论，理解液固相变的基本原理，还需借助量子力学知识，深入分析相变过程中微观粒子的行为变化。这种对多学科知识的综合运用，促使学生建立起更为完整、系统的物理知识网络，深化对核心概念和基本原理的理解。IYPT 的题目往往涉及学科前沿领域，引导学生主动接触最新研究成果和理论进展。例如，在研究"纳米材料的光学特性研究"时，学生需要查阅大量国内外学术文献，了解纳米材料在光学领域的最新研究动态，如表面等离子体共振效应、量子限域效应等前沿理论。通过对前沿知识的学习，学生拓宽了知识视野，感受到物理学科的不断发展与创新活力，激发了进一步探索未知的兴趣与热情。

IYPT 高度重视实验环节，为学生提供了丰富的实验实践机会，全面锻炼学生的实验技能。从实验方案设计开始，学生需要根据研究问题的特点，选择合适的实验方法，确定实验仪器和设备，合理设计实验步骤，确保实验能够准确、有效地获取所需数据。学会对实验数据进行采集、记录与初步处理，能够运用统计学方法分析数据的准确性和可靠性。面对实验中出现的各种问题和挑战，如仪器故障、数据异常等，学生需要运用科学探究方法，通过观察、分析、假设、验证等步骤，逐步排查问题根源，提出解决方案。这种在实践中不断探索、解决问题的过程，极大地提升了学生的科学探究能力和实践动手能力，培养了严谨的科学态度和创新精神。IYPT 的竞赛模式为创新思维的培养提供了广阔空间。开放性的竞赛题目没有固定的解题思路和标准答案，鼓励学生突破传统思维定式，从不同角度思考问题，提出独特的见解和创新性解决方案。

在竞赛过程中，学生需要对自己和他人的研究成果进行批判性分析。作为正方，在陈述报告时要充分考虑观点的合理性和证据的充分性，自觉接受反方和评论方的质疑；作为反方和评论方，需要运用批判性思维，从理论基础、实验方法、结果解释等方面对正方报告进行全面审视，提出有针对性的问题和改进建议。通过这种相互质疑、相互评价的过程，学生学会理性思考，不盲目接受既有观点，能够对各种信息进行筛选、分析和判断，从而培养了批判性思维能力，提升了学术素养。

IYPT 汇聚了来自全球多地的优秀学生和物理教育专家，为学生提供了广阔的国际交流平台，有助于拓展学生的国际视野。在竞赛期间，学生有机会与不同国家和地区的队伍进行交流，了解各国物理教育的特点和优势，学习其他国家学生的研究方法和创新思维。例如，与欧美国家队伍交流时，能感受到他们在实验设计的创新性和理论分析的深度方面的特点；与亚洲国家队伍交流时，可发现彼此在团队协作和勤奋钻研精神上的共通之处。在跨文化交流方面，学生需要克服语言障碍和文化差异，与国际友人进行有效的沟通与合作。比赛以英语作为工作语言，学生在陈述报告、质疑答辩和日常交流中，不断提高英语表达能力和专业英语水平。同时，在与不同文化背景的人交往过程中，学生学会尊重文化差异，理解不同国家的价值观和思维方式，提升了跨文化交流能力，培养了全球视野和国际竞争力。

（5）题目解读与分析实例

IYPT 的赛题具有较高的学术要求和开放性，涵盖了力学、热学、电磁学、光学等多个物理领域的知识。参与 IYPT 的大学生需要深入研究这些赛题，在解决问题的过程中，不仅需要运用所学的物理基础知识，还需要查阅大量的文献资料，了解相关的前沿研究成果。例如，在研究"液滴显微镜"这一赛题时，学生需要运用光学知识，分析水滴成像的原理，计算放大率和分辨率（图 4-1）。通过这样的研究过程，学生能够更加深入地理解物理知识，拓宽知识面。

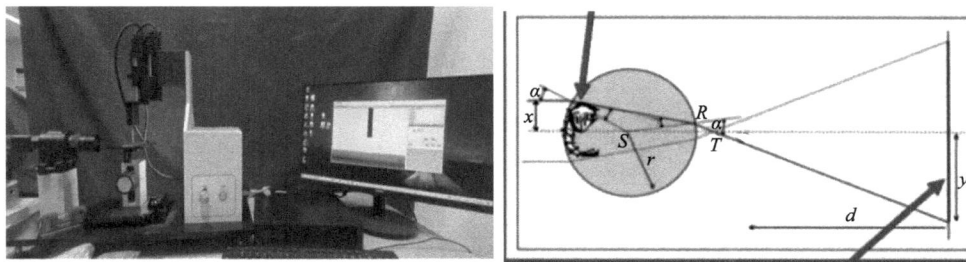

图 4-1 液滴显微镜题目解析

IYPT 要求选手自行设计实验方案，选择合适的实验仪器，完成实验操作，并对实验结果进行分析处理。在实验设计过程中，学生需要考虑实验的可行性、准确性和可重复性，设计出科学合理的实验步骤。在实验操作过程中，学生需要熟练掌握各种实验仪器的使用方法，准确地采集实验数据。例如，在研究"非接触电阻"这一赛题时，学生需要设计实验电路，选择合适的电阻、电感、电容等元件，插入不同材质的金属杆，测量电路的响应，从而得到插入杆的电磁特性（图4-2）。通过这样的实验过程，学生的实验设计与操作能力能够得到显著提升。

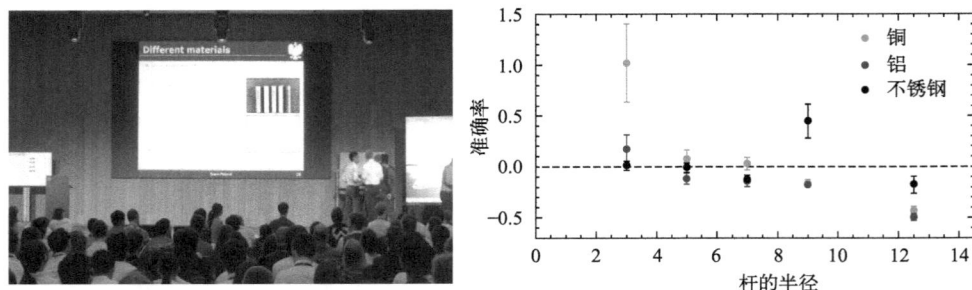

图4-2 非接触电阻题目解析

IYPT 的赛题通常没有固定答案，需要学生将实际问题抽象为物理模型，运用数学工具进行分析求解。在问题建模过程中，学生需要对问题进行深入分析，抓住问题的关键因素，忽略次要因素，建立合理的物理模型。在建立模型过程中，学生需要运用所学的物理知识和数学方法，推导公式，进行计算和模拟。例如，在研究"乒乓球火箭"这一赛题时，学生需要建立容器下落过程中水与乒乓球的受力模型，分析乒乓球发射高度的影响因素，通过实验和计算得出最大高度（图4-3）。通过这样的过程，学生的问题建模与解决能力能够得到有效锻炼。

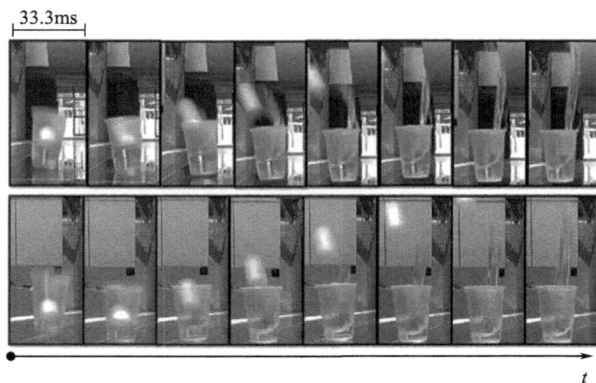

图4-3 乒乓球火箭题目解析

IYPT 的赛题具有开放性和挑战性，鼓励学生发挥创新思维，提出独特的解决方案。在研究过程中，学生需要突破传统思维的束缚，尝试新的方法和思路。同时，学生还需要具备批判性思维能力，对他人提出的观点和解决方案进行客观评价，分析其优点和不足。例如，在研究"大型发声板"这一赛题时，学生可以从不同的角度分析发声的原因，提出多种可能的解释，并通过实验进行验证。在讨论过程中，学生可以对其他团队的观点提出疑问，进行深入探讨（图4-4）。通过这样的过程，学生的创新思维与批判性思维能力能够得到激发和提升。

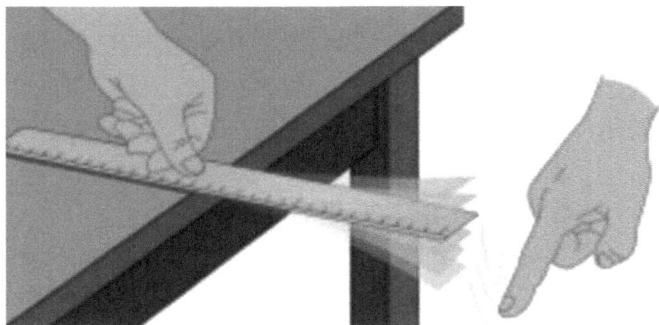

图4-4 大型发声板题目

国际青年物理学家锦标赛（IYPT）作为一项具有重要影响力的国际物理学科竞赛，对大学生学科竞赛能力的培养具有多方面的积极作用。通过参与 IYPT，大学生能够在知识拓展、能力提升、综合素质培养等方面得到全面发展。高校在组织与参与 IYPT 过程中，积累了丰富的实践经验，采取了有效的策略。为了进一步提高大学生物理竞赛能力培养的质量，高校应优化课程体系，改进教学方法，加强竞赛文化建设，深化国际交流与合作。未来，随着 IYPT 的不断发展和完善，相信它将在培养创新型人才方面发挥更加重要的作用，为推动我国高等教育事业的发展做出更大的贡献。

4.1.2　全国大学生物理学术竞赛（CUPT）

全国大学生物理学术竞赛（China Undergraduate Physics Tournament，CUPT），无疑是国内物理学科领域一颗璀璨夺目的明珠，是极具影响力的赛事之一。自其创立以来，便凭借自身独特的竞赛模式和显著卓越的育人成效，如同一股强劲的推动力，成为推动物理教育改革不断深化、提升学生综合素养的关键平台。它犹如一盏明灯，照亮了物理教育前行的道路，引领着众多学子在物理的海洋中探索前行。

CUPT 充分借鉴了国际青年物理学家锦标赛（IYPT）的成功经验，并结合我国高等教育的实际情况，精心构建了一套以团队协作、问题解决和学术交流为核心的竞赛体系。这一体系犹如一个精心打造的熔炉，让学生在其中接受全方位的锻炼。它不仅像一把神奇的钥匙，有效激发了学生对物理学科浓厚的兴趣，更如同一个实战的演练场，让学生在实践中不断锤炼科研能力、创新思维和团队协作精神。通过参与 CUPT，学生们仿佛置身于一个充满挑战与机遇的世界，他们的能力在竞争中得到提升，他们的潜力在探索中被挖掘，为我国物理专业人才培养注入了源源不断、充满活力的新动力。深入探究 CUPT 的发展历程、竞赛模式、育人机制以及未来发展趋势，具有极为重要的理论与实践意义。从理论层面来看，它有助于我们更深入地理解物理教育的本质和规律，为物理教育理论的丰富和发展提供有力的支撑；从实践层面而言，它能够为进一步优化物理教育教学提供切实可行的参考和借鉴，助力提升人才培养质量，培养出更多适应社会发展需求的高素质物理专业人才。

  CUPT 的起源可以追溯到国际青年物理学家锦标赛（IYPT）。随着我国高等教育对创新人才培养需求不断增长，部分具有前瞻性眼光的高校敏锐地认识到了 IYPT 竞赛模式对提升大学生创新意识、创新能力、协作精神和实践能力的积极意义。2010 年，在教育部的大力支持下，我国借鉴 IYPT 模式，成功举办了第一届中国大学生物理学术竞赛（CUPT），这一举措犹如一颗石子投入平静的湖面，激起了层层涟漪，迈出了将国际先进竞赛理念本土化的重要一步。南开大学作为首届 CUPT 的承办单位，与南京大学、浙江大学等 12 所高校携手共进，共同开启了我国物理学术竞赛的新篇章。此后，CUPT 在国内高校中如同一颗迅速生长的种子，迅速推广开来。其规模逐年扩大，越来越多的高校和学生参与到这项赛事中来；影响力也不断提升，成为了国内物理学科领域备受瞩目的焦点，为我国物理教育事业的发展注入了新的活力。

  在 CUPT 的发展历程中，多个重要节点推动了赛事的持续完善与升级。2011 年，第二届 CUPT 在南京大学举行，与首届相比，增设了决赛环节，进一步提升了竞赛的竞技性与观赏性，为优秀队伍提供了更广阔的展示平台。2012 年，第三届 CUPT 在北京师范大学举办，全国 35 所高校的 36 支代表队参赛，竞争愈发激烈，赛事的知名度和吸引力显著增强。2014 年，第五届 CUPT 在华中科技大学举行，值得一提的是，电子科技大学物理电子学院 2012 级本科生任瑞龙、逯群峰对赛题"巧克力液固相变迟滞现象"进行深入后续研究，其发表的教学研究论文《巧克力相变中的滞后》成功入选著名 SCI 教学期刊《欧洲物理杂志》2016 年度 Highlights，这一成果充分展示了 CUPT 对学生科研能力的培养成效，也提升了赛事在国际学术界的影响力。

  随着参赛队伍急剧增加，为保证竞赛的有序性和高水准，自 2018 年起，CUPT

增设区域赛。区域赛的设立，不仅有效缓解了全国赛的组织压力，还为更多高校学生提供了参与竞赛、展示才华的机会，进一步扩大了赛事的覆盖面和参与度。区域赛的比赛形式、遴选规则、经费支出等由各个区域赛区自行制定，充分调动了地方高校的积极性，促进了区域间的学术交流与合作。截至目前，CUPT 已成功举办多届，参赛高校数量从最初的十几所发展到如今的上百所，参赛学生人数也大幅增长。赛事的规模和影响力不断扩大，已成为我国高等院校规模最大、规格最高的物理类本科生年度学术交流盛会，在推动物理教育改革、培养创新人才方面发挥着越来越重要的作用。

（1）赛题特点

CUPT 的赛题设计独具特色，每年由赛事组委会精心拟定 17 个题目，并提前一年向参赛队伍公布。这些赛题紧密围绕日常生活现象、科研热点问题以及工程技术应用，具有极强的开放性和探索性。例如，"纳米材料的光学特性调控"一题，涉及纳米科学与光学领域的前沿研究，要求学生综合运用量子力学、固体物理等知识，深入探究纳米尺度下材料的光学行为及其调控方法；"基于物理原理的新型能源存储系统设计"则聚焦能源领域的实际需求，考查学生对能量转换与存储原理的理解，以及将理论知识应用于工程设计的能力。

CUPT 每年提前发布一组开放性物理课题，题目具有高度挑战性和现实意义，通常来源于日常生活现象或科技前沿领域。例如，近年部分题目包括："搅拌液体时温度升高的效应""磁悬浮陀螺稳定性分析""光导纤维中的非线性传播现象"等。这些题目不设定标准答案，鼓励学生结合物理原理、数学建模与实验技术进行深入探究。赛题的开放性对学生能力培养具有多方面的积极影响。首先，激发学生的好奇心与探索欲望，促使他们主动查阅大量文献资料，了解学科前沿动态，拓宽知识视野。在研究"纳米材料的光学特性调控"过程中，学生需要追踪国际上最新的研究成果，学习先进的实验技术和理论模型，从而接触到最前沿的物理知识。其次，培养学生的问题解决能力和创新思维。面对开放的赛题，没有固定的解题思路和标准答案，学生需要运用批判性思维，从不同角度分析问题，提出创新性的解决方案。这种思维训练有助于打破传统思维定式，培养学生的创新精神和实践能力。最后，增强学生对物理知识的应用意识。通过解决与实际生活和科研紧密相关的问题，学生深刻体会到物理学科的实用性和重要性。

（2）比赛角色与规则

CUPT 采用团队对抗的竞赛形式，每支参赛队伍由 5 名成员组成。在比赛过程中，各队需轮流扮演正方、反方和评论方三种角色。在一轮物理对抗赛中，正方首先针对选定题目进行深入研究，并在规定时间内进行陈述报告。报告内容涵盖问题的提出、理论分析、实验设计、数据采集与处理以及结果讨论等方面，要求逻辑清晰、内容翔实，充分展示团队的研究成果。

反方则对正方报告进行批判性分析，从理论依据的合理性、实验方法的科学性、数据结果的可靠性等多个角度提出质疑。反方的质疑不仅考验正方对问题的理解深度，还促使正方进一步完善研究思路和方法。例如，若正方在实验设计中存在变量控制不严格的问题，反方可以通过指出这一缺陷，推动正方重新审视实验方案，提高研究质量。评论方在比赛中保持客观中立，对正方和反方的表现进行全面评价。评论方需要总结双方的优点与不足，提出建设性的意见和建议，促进双方在交流中共同进步。例如，评论方可以针对正方报告中逻辑不严密的部分提出改进建议，同时肯定反方质疑的针对性和深度，为双方提供有价值的反馈。在角色转换方面，每队在不同阶段赛中角色不断更替。这种机制确保每位队员都能充分体验不同角色的要求，锻炼多种能力。例如，在一场比赛中，某队在第一阶段作为正方展示研究成果，在第二阶段转换为反方，对其他队伍的报告进行质疑，第三阶段又以评论方身份参与讨论。通过角色转换，学生不仅能够提升自身的专业知识水平，还能锻炼团队协作、沟通交流和应变能力，学会从不同角度思考问题，增强对物理问题的全面理解。

（3）能力培养作用

CUPT 备赛周期较长，从题目公布到参赛往往需要数月时间，这对学生的时间管理能力提出了很高要求。在备赛过程中，学生需要制定详细的计划，合理安排理论学习、实验研究、模拟演练等各个环节的时间。例如，将备赛过程划分为多个阶段，每个阶段设定明确的目标和任务，如在第一阶段完成相关理论知识的学习与梳理，第二阶段进行实验方案设计与优化，第三阶段开展模拟对抗训练等。通过合理规划时间，确保各项任务按时完成，提高备赛效率。同时，学生还需要在日常学习和竞赛准备之间找到平衡，合理分配精力，避免因备赛而影响正常学业。

竞赛过程中，学生面临着巨大的压力。在有限的时间内，要完成复杂的研究任务，准备详细的陈述报告，并在对抗赛中应对来自其他队伍的质疑和评审团的提问。例如，在比赛现场，正方需要在规定时间内清晰、准确地阐述研究成果，反方要迅速抓住对方报告中的问题进行质疑，这都考验着学生的心理素质和抗压能力。通过参与 CUPT，学生在长期的备赛和紧张的竞赛环境中，逐渐学会调整心态，有效应对压力，提高了时间管理能力和抗压能力，为未来的学习和工作奠定了坚实基础。在面对未来职业生涯中的各种挑战和压力时，学生能够凭借在 CUPT 中培养的能力，保持冷静，合理安排时间，高效解决问题。

（4）CUPT 题目解读与分析实例

以 2020 年 CUPT 题目中的"摇摆的声管（swinging sound tube）"为例，从题目本身来看，"摇摆的声管"涉及两个关键要素，即"摇摆"这一力学运动形式以及"声管"所关联的声学领域。学生需要深入思考声管在摇摆过程中，究竟会引发哪些物理现象。这极有可能涵盖声管内空气柱的振动变化，因为摇摆可能改变空气柱的长度、形状以及边界条件，进而对其振动频率、振幅等产生影响，导致发声特性出现改变，比如声音的音调、响度发生变化。同时，声管的材质、管径粗细、长度等因素也可能在这一过程中发挥作用。不同材质对声音的传导、吸收和反射特性不同，管径和长度的差异则会直接影响空气柱振动的固有频率。此外，摇摆的幅度、频率以及方向等运动参数也可能与声管发声特性存在紧密联系，需要全面综合考虑这些因素。

摇摆声管时，管内空气由于一端开口且做圆周运动，会产生类似活塞运动的效果。管内空气柱在这种作用下发生振动，当振动频率在人耳可听范围内时，就产生了声音。具体来说，摇摆声管使空气在管内形成周期性的疏密分布，从而产生纵波，即我们听到的声音。根据声学理论，空气柱振动的频率与空气柱的长度和空气的流速等因素有关。当声管摆动速度加快时，管内空气的流速增加，根据伯努利原理，流速增大导致管内压强变化，进而使空气柱的振动频率升高，所以声音的频率会随着摆动速度加快而增大。声管的长度越长，空气柱振动的基频越低，因为长的空气柱振动周期长，频率就低；声管的直径也会影响声音，直径较大时，空气柱的振动模式可能会更复杂，除了基频外，可能会激发更多的谐波。此外，声管的材质如果不同，其对声音的吸收和反射特性也不同，可能会影响声音的音色和强度。

某参赛团队在研究这一题目时，首先进行了理论层面的深入分析。他们运用流体力学和声学的基本原理，尝试建立数学模型来描述声管摇摆时空气柱的振动情况（图 4-5）。通过查阅大量专业文献，了解前人在相关领域的研究成果和方法，为

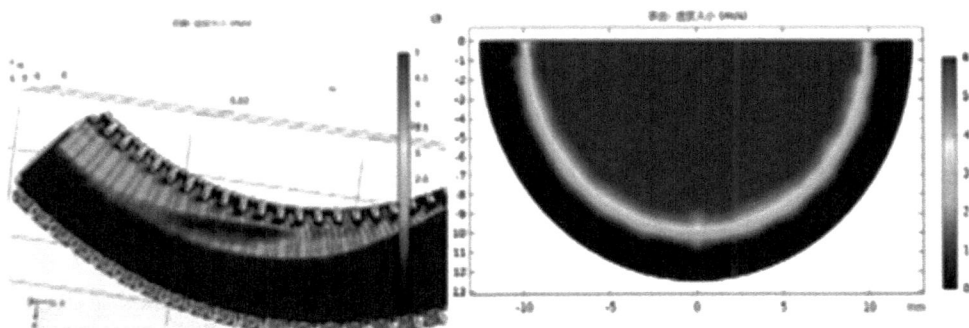

图 4-5 摇摆的声管模拟图片

自己的模型构建提供理论支撑。在模型中，他们考虑了空气的可压缩性、黏性等特性，以及声管的几何形状和运动参数。

在实验方面，团队精心设计并搭建了实验装置。他们选用了不同材质（如塑料、金属）、不同管径和长度的声管，通过电机和机械传动装置实现声管的可控摇摆，同时利用高精度的传感器来测量声管内的空气压力变化，以此获取声音信号，并使用数据采集系统对信号进行精确记录和分析（图 4-6）。

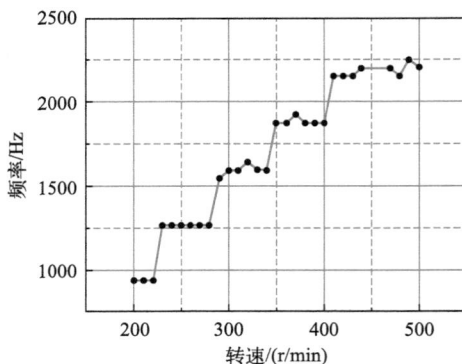

转速/(r/min)	模态	主频/Hz
200	2	937.5
250	3	1265.63
300	4	1593.76
350	4	1593.76
400	4	1593.76
450	5	2203.13
500	5	2203.13

图 4-6 摇摆的声管实验

在研究过程中，团队遇到了诸多挑战。例如，在实验初期，由于电机的振动干扰，导致测量的声音信号存在较大噪声，严重影响数据的准确性。经过仔细排查和多次试验，他们通过增加减震装置和优化电机的安装方式，有效解决了这一问题。另外，在理论模型的验证过程中，发现实验结果与理论计算存在一定偏差。团队成员没有轻易忽视这些偏差，而是重新审视模型的假设条件和计算过程，经过深入分析，发现是在模型中对空气黏性的处理过于简化。于是，他们对模型进行了修正，引入更精确的黏性模型，最终使得理论与实验结果达到了较好的吻合。通过对"摇摆的声管（swinging sound tube）"这一题目全面而深入的研究，该团队不仅对声学和力学的知识有了更为深刻的理解和掌握，还在实验设计、数据处理、问题解决等多方面的能力得到了极大锻炼，充分体现了 CUPT 竞赛对学生综合素养提升的重要作用。

以 2025 年 CUPT 题目中的"滴水龙头"（dripping faucet）为例，这一题目看似源于生活中常见的现象，一个漏水的水龙头会呈现出饶有趣味的滴水模式，水滴之间的时间间隔，即滴水周期，与水的流量密切相关。当我们仔细观察滴水龙头时，会发现随着水龙头开度的变化，水流量改变，滴水的节奏也随之明显改变。在水流量较小时，水滴缓慢而有规律地落下，滴水周期较长；而当水流量增大，水滴落下的频率加快，滴水周期相应缩短。这种滴水模式并非简单的线性关系，其中涉及诸多复杂的物理机制，蕴含着丰富且复杂的物理原理，为参赛者提供了广阔的研究空间。深入探究这一现象，不仅有助于我们更好地理解日常生活中的物理过程，更能培养学生综合运用多学科知识解决实际问题的能力。

瑞利不稳定性在液滴形成过程中起着关键作用。从本质上讲，瑞利不稳定性描述的是在流体表面张力与其他外力相互作用下，流体柱如何自发地分裂成液滴的现象。对于滴水龙头而言，当水流从水龙头流出时，可将其视为一段流体柱。由于表面张力的存在，流体柱倾向于使自身表面积最小化，以降低表面自由能。在理想情况下，均匀的流体柱是稳定的，但实际过程中，总会存在一些微小的扰动，如水流速度的微小波动、水龙头出口处的微小瑕疵等。这些扰动会导致流体柱表面出现局部的凸起和凹陷。在凸起处，表面曲率增大，根据拉普拉斯公式，此处的附加压力会减小，使得流体有向凸起处流动的趋势，从而进一步增大凸起的幅度；而在凹陷处，附加压力增大，流体则会从凹陷处流出，导致凹陷加深。随着这一过程不断发展，流体柱最终在某个位置断裂，形成液滴。这一理论为我们理解滴水龙头中液滴的形成提供了重要的基础，它揭示了表面张力在克服重力，促使流体柱分裂成离散液滴过程中的主导作用。纳维-斯托克斯方程是流体力学中的核心方程，它全面地描述了黏性流体的运动规律。其一般形式较为复杂，涉及流体的速度、压力、密度、黏性系数等多个物理量。在滴水龙头的情境中，该方程可用于分析水流从水龙头流出到形成液滴过程中的速度场和压力场分布。通过求解纳维-斯托克斯方程，我们能够了解水流在水龙头出口附近的流动状态，包括水流的加速、减速以及可能出现的湍流现象。例如，在水流量较大时，水流速度较快，根据纳维-斯托克斯方程的解，此时水流可能更容易出现不稳定的湍流状态，这会对液滴的形成和滴落模式产生显著影响。与层流状态相比，湍流状态下水流的不规则运动使得液滴的形成更加复杂，可能导致滴水周期的波动增大，不再呈现出简单的规律性。因此，纳维-斯托克斯方程为我们深入研究滴水龙头现象提供了一个强大的理论工具，帮助我们从微观层面理解水流的动力学行为如何影响宏观的滴水模式。表面张力是液体表面层由于分子引力不均衡而产生的沿表面作用于任一界线上的张力。在滴水龙头现象中，表面张力对液滴的形成和稳定性起着决定性作用。如前文所述，表面张力促使流体柱分裂成液滴，同时它也影响着液滴的大小和形状。当表面张力较大时，形成的液滴往往较小，因为较大的表面张力能够更有效地将流体柱分割成小块。此外，表面张力还决定了液滴在脱离水龙头前的形状。在水滴逐渐形成的过程中，表面张力使得水滴尽量保持球形，因为球形具有最小的表面积，能使表面自由能最低。只有当水滴的重力足够大，克服了表面张力的束缚时，水滴才会脱离水龙头落下。而且，表面张力的大小并非固定不变，它会受到液体的性质（如温度、纯度等）以及周围环境因素（如空气湿度、气压等）的影响。例如，温度升高时，液体分子间的距离增大，相互作用力减弱，表面张力通常会减小，这可能导致在相同水流量下，形成的液滴更大，滴水周期也相应发生变化。因此，准确分析表面张力及其影响因素，对于深入理解滴水龙头现象的复杂性至关重要。

为了精确研究滴水龙头现象，需要精心搭建实验装置。首先，选择一个可精确调节流量的水龙头，可通过连接高精度的流量调节阀来实现对水流量的精准控制。以瑞利不稳定性、纳维 - 斯托克斯方程和表面张力理论为基础，考虑水流在水龙头出口处的边界条件，如流速、压力等，通过适当的简化和假设，求解方程得到水流的速度场和压力场分布。在此基础上，引入表面张力的作用，利用瑞利不稳定性理论分析流体柱如何在表面张力和重力的共同作用下分裂成液滴。假设流体为不可压缩牛顿流体，忽略空气阻力等次要因素，建立一个包含水流量、表面张力、重力加速度等参数的数学模型，用于预测滴水周期和液滴大小。例如，可以通过推导得到一个关于滴水周期 T 与水流量 Q、表面张力 γ、重力加速度 g 以及其他相关参数的函数关系式 $T=f(Q,\gamma,g...)$，其中函数 f 的具体形式需根据详细的理论推导得出。

将理论模型计算得到的结果与实验测量数据进行对比验证。若模型预测结果与实验数据存在偏差，仔细分析偏差产生的原因。可能是模型中忽略了某些重要因素，如流体的黏性、空气对液滴的阻力等；也可能是在模型推导过程中所做的假设过于简化，不符合实际情况。针对这些问题，对模型进行优化改进。例如，考虑流体黏性的影响，在纳维 - 斯托克斯方程中添加黏性项；或者通过引入更符合实际的边界条件，对模型进行修正。经过多次迭代优化，使理论模型能够更准确地描述滴水龙头现象，提高模型的预测能力和可靠性（图 4-7）。

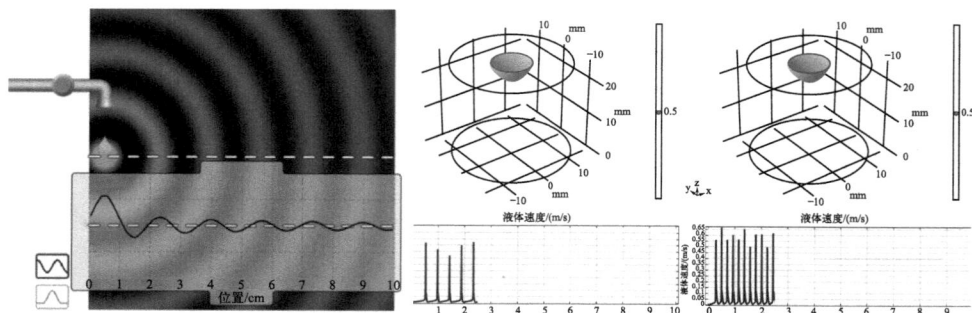

图 4-7 水滴龙头模拟

（5）物理竞赛的团队建设与导师指导

大连海洋大学物理竞赛团队的组建秉持多元互补的原则。从参赛对象来看，涵盖了全校全日制在校本科大学生，这一广泛的选拔范围为挖掘不同专业背景学生的潜力提供了可能。每支队伍人数设置合理，以辽宁省普通高等学校本科大学生物理竞赛为例，每支队伍参赛学生不多于 3 人，学生还可跨专业组队。这种跨专业组队模式极具优势，不同专业学生知识结构与思维方式存在差异，例如物理学专业学生在理论知识上较为扎实，而机械工程专业学生在实验装置设计与制作方面可能更具实践经验。在一次竞赛准备中，来自物理学专业的同学负责理论模型的构建，精准运用所学物理知识进行推导；机械专业的同学则依据理论设计实验装置，凭借专业技能将设想转化为可操作的实物；信息与计算科学专业的同学承担数据处理与分析工作，利用专业算法对实验数据进行深度挖掘。他们相互协作，为解决竞赛问题提供了多角度思路，极大地拓宽了解题视野。

团队中队长的选拔至关重要。队长不仅要具备扎实的物理知识，更需拥有出色的组织协调与沟通能力。在日常备赛中，队长负责制定详细的训练计划与任务分配。比如，在准备物理学术赛时，将查阅文献、理论研究、实验设计、报告撰写等任务合理分配给队员，并明确各阶段时间节点。在竞赛过程中，队长要把控全局，当团队面临压力或突发状况时，如实验设备突发故障，队长需迅速组织队员商讨解决方案，协调各方资源，确保团队稳定发挥。

为促进团队成员间的协作，大连海洋大学积极搭建交流平台。校内定期举办物理竞赛研讨活动，各团队成员汇聚一堂，分享备赛经验与遇到的问题。在这些活动中，不同团队交流竞赛题目解决方案，相互启发。例如，在探讨某一复杂物理实验赛题时，A 团队分享了他们在实验装置改进方面的创新思路，B 团队则介绍了数据处理过程中的优化算法，这种交流让各团队成员接触到更多样的方法，有助于完善自身团队的竞赛方案。定期召开团队会议，成员汇报各自工作进展，共同讨论遇到的困难。在会议中，鼓励成员畅所欲言，充分表达观点。在准备物理学术赛的过程中，针对某一理论问题，成员们各抒己见，经过激烈讨论，最终形成全面且深入的研究方向。同时，建立线上交流群，方便成员随时交流想法、分享资料。在外出调研或实验期间，成员们也要保持密切沟通，及时反馈实验情况，确保团队工作的连贯性。通过模拟竞赛，团队成员不断磨合。模拟竞赛严格按照真实竞赛流程进行，从选题、研究到成果展示与答辩。在模拟过程中，成员们逐渐熟悉彼此的工作方式与优势，提高协作默契度。在多次模拟答辩后，负责陈述的成员能够更好地结合其他成员的研究成果，清晰准确地展示团队工作；负责答疑的成员也能根据陈述内容，迅速理解问题核心，精准作答。这种磨合使团队在正式竞赛中能够配合得更加顺畅，发挥出最佳水平。

大连海洋大学为每支物理竞赛团队配备 1～2 名指导教师，他们在竞赛中发挥着不可或缺的作用。在选题阶段，导师凭借丰富的专业知识与科研经验，帮助学生分析题目难度与可行性。面对辽宁省大学生物理竞赛中的众多题目，导师引导学生从自身知识储备与兴趣出发，选择既具挑战性又在团队能力范围内的题目。如在2024年物理学术赛选题时，导师发现某团队对"新型材料的物理特性研究"这一题目感兴趣，但该题目涉及较前沿的知识与复杂实验技术。导师便与团队成员深入探讨，评估团队现有的实验条件与理论基础，认为虽然存在挑战，但通过合理规划与学习，团队有能力完成研究，最终确定了该选题。

在理论研究与实验设计过程中，导师给予专业指导。当学生在构建理论模型遇到困难时，导师引导学生回顾相关物理知识，查阅前沿文献，启发学生创新思维。在实验设计方面，导师帮助学生优化实验方案，确保实验的科学性与可行性。在物理实验赛中，某团队设计的实验装置在测量精度上存在问题，导师通过分析实验原理，提出改进建议，如更换高精度传感器、优化实验布局等，使实验装置性能得到显著提升。导师还注重培养学生的科研素养与解决问题的能力。当学生在研究中遇到问题时，导师并非直接给出答案，而是引导学生思考，提供解决问题的思路与方法。在数据处理阶段，团队发现实验数据存在异常波动，导师指导学生从实验仪器误差、实验环境干扰、数据处理方法等方面逐一排查，最终找到问题根源并解决。在竞赛临近时，导师对学生进行心理疏导，缓解学生压力，确保学生以良好的心态参加竞赛。在整个竞赛过程中，导师全程陪伴，为团队的成长与进步提供坚实保障。

大连海洋大学通过精心的团队建设与专业的导师指导，为学生在物理竞赛中取得优异成绩奠定了基础。未来，学校将继续优化团队组建与指导模式，助力更多学生在物理竞赛中绽放光彩，提升学校的人才培养质量与学科影响力。

（6）成功团队的经验分享

笔者作为2024年辽宁省物理实验竞赛"多体碰撞的动力学问题"赛题一等奖队伍的指导教师，回顾备赛与竞赛的全过程，此次成功得益于系统性的知识整合、创新性的实验设计、精细化的过程指导以及团队协作与抗压能力的培养。这些经验不仅是对教学实践的总结，也为后续物理实验竞赛指导工作提供了可复制的模式。

① 精准把握赛题本质，构建理论与实践融合的知识体系。

在赛题解析阶段，教师引导学生从动力学基本理论出发，梳理牛顿运动定律、动量守恒定律、能量守恒定律等核心知识在多体碰撞场景中的应用逻辑。针对多体碰撞可能涉及的复杂场景（如非弹性碰撞、斜向碰撞、多物体连续碰撞），师生共同构建了"理论模型 - 实验验证 - 误差分析"的研究框架。例如，在分析三体碰撞中的动量传递时，学生不仅需要运用矢量分解方法建立数学模型，还需通过预实验验证模型假设的合理性，这种理论与实践的双向互动，帮助学生突破传统解题思维，形成系统性的研究思路。

为强化学生对动力学问题的理解，组织了专题学习会，结合经典文献和前沿研究成果，深入探讨多体碰撞中的特殊现象（如碰撞中的能量耗散机制、碰撞角度对结果的影响）。通过案例分析与模拟计算，学生逐步掌握了将复杂问题拆解为多个子问题的能力，为后续实验设计奠定了坚实的理论基础。

② 创新实验设计，突破传统实验范式。

在实验设计环节，教师鼓励学生突破常规实验方法的局限。针对多体碰撞过程难以精准观测的问题，团队提出采用高速摄像机与传感器阵列结合的方案：利用高速摄像机以 2000 帧 / 秒的速率记录碰撞过程，通过图像分析软件提取物体的运动轨迹；同时，在碰撞区域布置力传感器和位移传感器，实时采集碰撞瞬间的力与位移数据（图 4-8）。这种多维度的数据采集方式，使实验结果兼具可视化与量化特征，显著提升了实验的科学性与说服力。在调试过程中，学生通过多次模拟实验，优化了传感器的布局与数据采集频率，将实验误差控制在 3% 以内。这种从设计到实现的全过程创新实践，不仅锻炼了学生的工程能力，更培养了他们解决实际问题的创新思维。

类别	碰撞物品	盒子	碰撞物体数量					
材质对比	直径16.02mm 铁球	塑料盒	5	10	15	20	25	30
		木盒	5	10	15	20	25	30
		铁盒	5	10	15	20	25	30
	直径16.02mm 玻璃球	塑料盒	5	10	15	20	25	30
		木盒	5	10	15	20	25	30
		铁盒	5	10	15	20	25	30
密度对比	直径16.02mm 实心铁球	塑料盒	5	10	15	20	25	30
		木盒	5	10	15	20	25	30
		铁盒	5	10	15	20	25	30
	直径16.02mm 空心铁球	塑料盒	5	10	15	20	25	30
		木盒	5	10	15	20	25	30
		铁盒	5	10	15	20	25	30
半径对比	直径16.02mm 铁球	塑料盒	5	10	15	20	25	30
		木盒	5	10	15	20	25	30
		铁盒	5	10	15	20	25	30
	直径8.04mm 铁球	塑料盒	5	10	15	20	25	30
		木盒	5	10	15	20	25	30
		铁盒	5	10	15	20	25	30

图 4-8 参赛团队设计的实验以及实验测试

③ 精细化过程指导，强化问题解决能力。

备赛期间，教师采用"启发式指导 - 自主探索 - 复盘优化"的指导模式。在实验遇到瓶颈时（如多次实验中出现碰撞后物体运动轨迹异常），引导学生从实验环境、仪器误差、理论假设三个维度进行排查。学生通过分析发现，轨道表面的微小摩擦力差异导致了实验结果的偏差，随后通过增加轨道平整度检测环节、引入气垫装置减小摩擦，成功解决了这一问题。这种"问题导向"的指导方式，有效提升了学生的科学探究能力和独立解决问题的信心。

在数据处理与结果分析阶段，教师指导学生运用 MATLAB、Origin 等工具进行数据建模与可视化（图 4-9）。针对多体碰撞中复杂的数据关系，师生共同探索了主成分分析（PCA）和机器学习算法，实现了对实验数据的深度挖掘。通过机器学习算法对大量碰撞数据进行分类，学生发现了碰撞角度与能量损失之间的非线性关系，这一发现成为竞赛报告中的重要创新点。

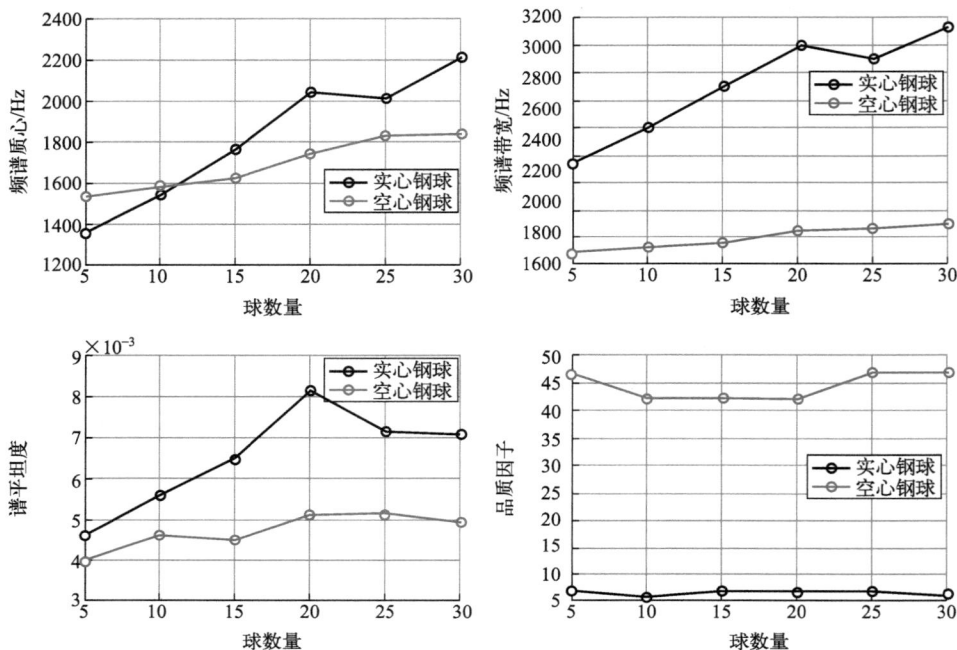

图 4-9 参赛团队采用 MATLAB 得到的特性曲线图

④ 团队协作与抗压能力培养，打造高效执行团队。

本次参赛团队由三名不同专业背景的学生组成（物理学、土木、计算机科学）。团队制定了"角色互补、责任到人"的协作机制：物理学专业学生负责理论建模与数据分析，土木专业学生主导实验装置设计与调试，计算机专业学生承担 MATLAB 编程与分析的任务。每周的团队例会中，成员通过"进度汇报—问题研讨—任务优化"的流程，确保项目高效推进。在备赛冲刺阶段，组织多轮全流程答辩模拟，系统化还原竞赛现场的质询场景。团队不仅邀请校内外理论物理、实验技术及科学传播领域的专家学者组成评审团，还特别邀请往届竞赛评委参与指导。针对研究方法的创新性、实验数据的可信度、科学结论的普适性等维度展开深度研讨。针对专家提出的"非弹性碰撞能量分配模型的边界条件验证""多体系统初始参数敏感性分析"等关键问题，团队再次展开优化理论推导与实验设计，并补充了部分实验和分析，最终形成逻辑严密、数据扎实的答辩版本。

⑤ 资源整合与持续优化，夯实竞赛基础。

学校构建的全方位支持体系，为竞赛项目的顺利推进筑牢了坚实基础。实验室开放政策打破了时间与空间的限制，团队得以全天候使用高精度实验仪器，充分满足从基础验证到前沿探索的多样化科研需求。由力学领域权威专家、资深实验技术骨干组建的跨学科导师团队，在理论建模、实验设计、技术攻关等关键环节，提供了具有前瞻性和专业性的指导，有效突破研究瓶颈。通过系统整合历届竞赛成果汇编、国内外核心文献等资源，构建起完备的学术数据库，为学生的课题研究提供了多维度的理论支撑与数据参考，助力其在已有研究基础上实现创新突破。

此次竞赛的优异成绩，不仅彰显了学生扎实的专业素养与锐意进取的创新精神，更是理论深度钻研、实践创新探索、多方协同联动共同发挥作用的成果。

4.2　土木水利类学科竞赛

土木水利工程作为一门以实践为核心导向的工程学科，其知识体系呈现出显著的跨学科融合特征。在教学与研究体系中，学科竞赛与工程实践活动承担着双重功能：既是对理论知识的系统性验证，也是培养学生将抽象理论转化为实际工程能力的核心途径。此类活动为学生提供了将课堂知识应用于复杂工程场景的平台，例如通过结构力学分析与材料性能研究解决实际工程问题，使专业知识在具体实践中获得具象化呈现。

在实践环节中，学生需要系统完成材料选择、结构计算、模型构建等关键步骤，并在此过程中深入理解结构设计原理与施工工艺的相互作用关系。针对土木水利领域的典型工程问题，如高层建筑的风振控制或大跨度桥梁的抗震设计，竞赛活动促使学生突破传统思维模式，探索创新解决方案。团队协作作为此类活动的核心要素，要求参与者在专业分工基础上开展高效沟通，通过协同工作完成方案设计与优化，从而培养工程实践所需的专业素养与团队精神。

土木水利类学科竞赛在连接学术研究与工程实践方面发挥着关键作用。一方面，学生通过参与竞赛接触行业前沿技术，如水利工程中的数字孪生运维系统或结构健康监测中的智能传感技术；另一方面，高校与企业通过联合举办竞赛实现产学研协同创新，加速科研成果向工程应用的转化。这种模式不仅提升了学生的工程实践能力，也为行业技术创新提供了人才储备。

当前，我国已形成多层次的土木水利类竞赛体系，包括国家级、省级和校级三级平台，涵盖专业型与综合型两类赛事。专业型竞赛如全国大学生结构设计竞赛、全国水利创新设计大赛等，聚焦特定技术领域；综合型赛事则通过产业命题模式推动创新成果转化。这种分类体系既保证了竞赛的专业深度，又拓展了学生的创新视野，为培养复合型工程技术人才提供了系统化平台。

4.2.1 全国大学生结构设计竞赛（NSDCC）

（1）赛事简介

全国大学生结构设计竞赛（National Structural Design Competition for College Students，NSDCC）是由教育部高等教育司、财政部科教文司联合立项支持的全国性九大学科竞赛项目之一，主办单位包括中国高等教育学会工程教育专业委员会、高等学校土木工程学科专业指导委员会、中国土木工程学会教育工作委员会。其宗旨在于通过竞赛活动，构建高校工程教育实践平台，培养大学生的创新意识、团队协作和工程实践能力，提高创新人才培养质量。

2005 年，首届竞赛由浙江大学承办，参赛高校为 26 所通过土木工程专业评估的院校，赛题聚焦"高层建筑结构模型设计"，确立"理论方案—模型制作—分级加载"三级评分体系。2012 年，竞赛建立了"校赛—省赛—国赛"三级选拔机制，参赛高校数量突破 100 所。赛题设计聚焦工程前沿，2014 年首次引入"大跨度空间结构"赛题，2015 年又增设"抗震结构"专题，推动了学科知识与工程实践的深度衔接。2017 年，竞赛构建"教育部指导 - 高校轮值 - 企业命题"协同机制，中国建筑集团等企业提供技术资源支持，具体合作形式包括发布工程命题、提供参数化设计软件支持等。2020 年赛题"桥梁结构健康监测系统集成"首次要求嵌入传感器，推动智能建造方向转型；2021 年赛题"变参数桥梁结构模型"强制使用竹材比例 ≥ 70%，探索绿色建材应用；2023 年第 17 届竞赛首次纳入港澳高校（香港大学、澳门科技大学）。

当前竞赛评审专家库中企业 / 设计院专家占比 38.6%，累计产生可专利化设计成果 221 项，其中 19 项核心技术被纳入《钢结构设计标准》（GB 50017—2023）等 6 部标准和规范。作为全球规模最大的土木工程学生竞赛（单届参赛高校 638 所），其发展历程印证了我国工程教育从"单一技能训练"向"解决复杂工程问题能力与战略创新能力协同培养"的范式跃迁。

（2）竞赛规则与流程

全国大学生结构设计竞赛采用教育部认证的"校赛—省赛—国赛"三级进阶机制，以保障竞赛的广泛参与性与高水平竞争性。每年 3 月，全国竞赛组委会发布年度赛题及技术细则，各高校据此组织校内选拔赛，通过理论方案设计、模型制作、加载测试等环节综合考查学生能力，选拔优胜队伍晋级省赛。省赛通常分初赛与决赛，初赛聚焦理论方案评审，决赛侧重模型制作与加载测试，最终各省选拔 1 ～ 3 支队伍代表参加全国总决赛。国赛于 7 月举行，赛程为期一周，涵盖理论方案设计、模型制作、加载测试等核心环节。

理论方案设计（第1～2天）要求参赛团队完成结构体系选型、力学性能分析及施工图纸设计，形成包含计算书、仿真报告、节点详图的技术文档。该环节强调设计的科学性与创新性，需运用有限元分析软件进行荷载效应计算与稳定性验算，为模型制作提供理论依据。

模型制作与过程管控（第2～4天）在指定封闭式工坊内实施，全程视频监控并管控材料用量，确保竞赛公平性与规范性。团队需遵循赛题限定的材料规格及工艺标准，在48小时内完成材料预处理、构件加工及整体组装，考验工程实践能力与分工协作效率。

加载测试与数据采集（第5天）按赛题预设的多级荷载工况开展，通过嵌入式光纤光栅传感器实时采集应变、位移数据，同步构建数字孪生模型评估结构健康状态。测试严格控制加载速率、持荷时间及失效判定标准，若出现构件断裂、整体失稳等失效模式即中止测试，以量化数据检验设计方案的工程适用性。

（3）评审机制

全国大学生结构设计竞赛评分采用"主观分（20分）+客观分（80分）"的双轨模式，全面覆盖理论设计、实践操作与工程验证全流程。主观分聚焦设计思维与综合表现，其中理论方案（5分）注重计算内容的科学性、完整性及图文规范，且严格隐去院校标识以确保公平；现场模型制作（10分）从结构合理性、创意创新性、工艺精细度与美观性等维度评分，凸显工程实践的系统性要求；现场陈述与答辩（5分）则考查学生的逻辑表达、创新点阐释及问题应对能力，强化对工程沟通能力的考核。客观分以现场加载测试为核心（80分），通过多阶段荷载工况检验结构性能，结合计算公式量化评分，体现对工程安全性与可靠性的底线要求。

评审组织实行分级负责制，全国总决赛由专家评审委员会统筹，设立组长负责制并保留奖项比例动态调整权，确保评审标准与赛事目标的适配性；省市分区赛则由地方专家委员会执行，同步强化雷同性评审以杜绝抄袭，保障竞赛的原创性与公平性。奖项评定注重多元导向：等级奖依据理论方案、模型制作、答辩表现与加载测试的总成绩综合确定，而最佳创意奖、最佳制作奖则分别以模型结构创新性、工艺质量为主要依据，形成对不同能力维度的专项激励。

（4）能力培养作用

在创新思维能力培养方面，赛题设定的材料限制、荷载工况等约束条件，迫使学生突破传统结构设计范式，摒弃常规形式与思路，在复杂荷载组合下探索融合不同结构特性的创新体系。竞赛对原创性的严格要求，促使学生从独特视角切入问题，在结构选型、节点构造及材料应用中充分释放想象力，进而形成具有独立性与独特性的创新思维模式。

在工程实践能力培养方面，竞赛构建了理论知识转化为工程实践的全真场景。学生需将结构力学、材料力学等理论运用于实际设计，通过精确计算荷载效应、合理选择材料规格及优化结构布置，实现理论与工程需求的深度衔接。模型制作环节要求学生熟练操作切割机、胶结工具等设备，在将设计图纸转化为实物的过程中，针对结构连接失效、尺寸偏差等实操问题，需自主分析材料性能与工艺缺陷并提出改进方案，显著提升对工程材料特性的认知及工具工艺的掌控能力。

在协作能力培养方面，竞赛依托团队协作模式，构建多学科背景学生协同工作的真实场景。团队成员需依据专业优势进行系统性分工，通过高效协作实现个体能力的有机整合，提升整体工作效能。同时，从方案论证、模型制作到答辩准备的全过程，要求成员持续沟通技术分歧、同步进展并协调工作节奏，这种高频次的专业对话与决策协作，直接对标工程实践中的团队协同模式，有效培养学生的组织协调能力与跨角色沟通技巧。

在分析与解决问题能力培养方面，竞赛通过多级荷载工况的叠加考验，要求学生综合运用静动力分析方法，借助有限元软件模拟结构力学性能，系统评估不同工况下的受力合理性与安全储备，强化结构分析的全面性与精准性。当模型制作或加载测试中出现强度不足、稳定性缺陷等问题时，学生需结合材料性能参数、节点构造细节及计算模型误差，逐层追溯问题根源并提出针对性改进策略，在反复试错中构建"问题诊断—方案迭代—效果验证"的工程问题解决逻辑。

在时间管理能力培养方面，竞赛各环节设定严格时间节点，要求学生制定涵盖任务分解、资源调配、进度监控的全周期计划，通过优先级排序与高效执行确保项目按时推进。面对材料短缺、设备故障等突发状况，需即时启动动态调整策略，在保障关键节点进度的同时减少外部干扰的影响，这种对时间压力与不确定性的应对训练，为学生未来处理工程实践中的工期管控、风险预判等问题奠定重要能力基础。

（5）题目解读与分析实例

以 2021 年"变参数桥梁结构模型设计与制作"题目为例（图 4-10），在应对此类结构设计赛题时，模型选型与优化需遵循系统性技术路径。桥梁结构体系包含拱桥、斜拉桥、梁桥等多种拓扑构型，每种形式均具有独特的力学特性与适用边界。拱桥虽能凭借其优良的抗压性能有效控制竖向位移，但其结构体系依赖于高强度的端部固定以抵抗较大的水平推力，这与赛题中对支座条件的限制存在明显冲突；斜拉桥的索 - 塔协同体系虽在荷载分布优化方面表现优异，但在本赛题中采用竹材替代传统钢索面临诸多挑战，如节点处易出现应力集中、塔柱整体刚度不足等关键问题，严重制约其实际可行性。相比之下，梁式桥结合桁架结构通过杆件主要承受轴向力，在保持良好抗弯性能的同时，能够精确控制结构变形；其支座仅需承受竖向反力，完全契合赛题中对边界条件的简化要求。因此，梁式桁架结构成为应对该赛题的最优选择。

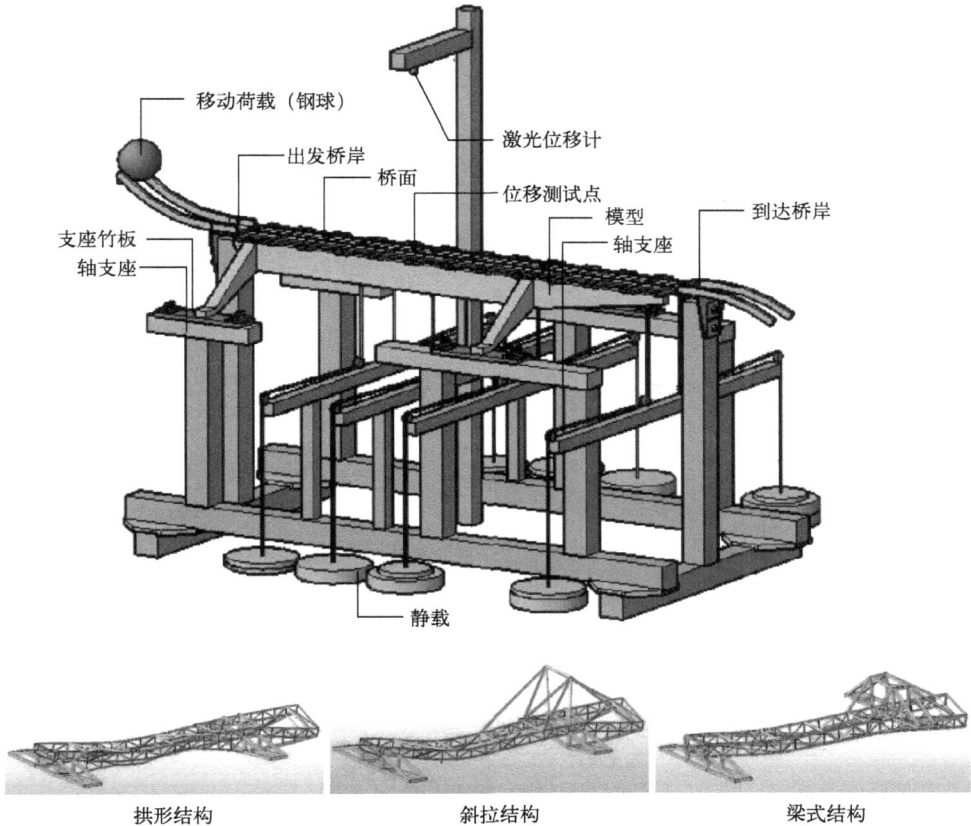

图 4-10　不同结构形式桥梁位移图

　　利用有限元分析软件（如 MIDAS、ANSYS 等）对初步构建的桥梁结构模型进行数值模拟。要准确定义模型的几何形状、材料属性和边界条件。对于材料属性，需根据赛题要求，精确输入竹材的弹性模量、泊松比、密度等参数。在边界条件设置方面，需依据实际支撑情况，如桥墩的固定方式，进行相应设置。需严格按照赛题的加载要求进行设置，包括静载、动载以及突卸荷载等。通过有限元分析软件的模拟加载试验，可以获取结构的应力分布、应变情况、位移大小等关键数据。这些数据有助于直观了解结构在不同荷载作用下的受力性能，并识别出结构的薄弱部位，如应力集中区域、位移过大部位等。将有限元分析软件模拟加载得到的结果与理论计算结果进行对比，是验证模型准确性的重要步骤。理论计算可采用结构力学的方法，对梁 - 拱组合结构分别计算梁和拱在各种荷载作用下的内力，然后进行叠加。若两者结果相差较大，则需检查模型的建立、材料属性设置、加载设置等方面是否存在问题，并进行相应调整。

根据模拟加载和理论计算的结果，可对模型进行优化。若发现某一部位的应力过大，可考虑增加该部位的截面尺寸或改变材料的布置方向。对于位移过大的情况，则可通过调整结构的刚度来解决。同时，还需考虑优化后的模型对其他荷载工况的适应性，确保在满足各种变参数要求下，结构都能保持良好的性能。在优化模型的基础上，需综合考虑结构效率比、经济性和创新性等赛题要求，以制备出最优模型。结构效率比方面，要在满足承载力要求的前提下，尽可能减轻结构自重；经济性方面，则需合理利用材料，减少浪费；创新性方面，可在结构形式、连接方式或材料应用等方面进行探索与创新。

最后，在优化后的模型基础上制定详细的制作工艺，并考虑实际制作过程中可能遇到的问题，如竹材的加工精度、连接工艺的可靠性等。在制作过程中，要严格按照工艺要求进行操作，确保制作出的模型与优化后的理论模型相吻合。这样不仅能提高模型的实际性能，也能更好地满足竞赛的要求，体现出参赛队伍的专业素养和创新能力。通过这样的系统化流程，参赛者能够制备出既符合赛题要求又具备优良性能的桥梁结构模型，为比赛取得优异成绩奠定坚实的基础。

4.2.2　全国大学生水利创新设计大赛

（1）赛事简介

全国大学生水利创新设计大赛（National College Students' Water Conservancy Innovation Design Competition）是我国水利类专业领域级别最高、最具影响力的学科竞赛，被誉为全国水利类大学生的"奥林匹克"。该赛事由中国水利教育协会与教育部高等学校水利类专业教学指导委员会联合主办，并由全国开设水利类专业的高校轮流承办。大赛的核心目标是进一步贯彻落实党和国家关于教育、人才、治水的方针政策和重大决策部署，强化实践育人环节，激励广大水利类专业学生踊跃参加创新实践训练，通过创新实践培养学生的协作精神、创新意识和实践能力，为水利高质量发展培养高素质创新型人才。

首届大赛（2009 年，南京）由河海大学承办，主题为"绿色水利"，聚焦水的应用、水利结构、水力机械三类创新设计与制作，开启水利学科实践育人新范式。

第二届大赛（2011 年，武汉）由武汉大学承办，主题为"绿色水利"，将内容拓展至水的治理、开发、利用与保护领域的实物作品创新，深化水利工程的实践导向。

第三届大赛（2013 年，郑州）由华北水利水电大学承办，主题为"生态水利"，围绕水的利用、治理、保护、节约，强调人水和谐与科学治理，凸显节约优先、可持续利用的治水思路。

第四届大赛（2015 年，重庆）由重庆交通大学承办，主题为"高效用水"，内容涵盖水的利用、水安全、水处理、节约用水的实物创新，贯彻节水优先、系统治理的可持续发展理念。

第五届大赛（2017 年，大连）由大连理工大学承办，主题为"水＋"，围绕"水＋生活""水＋生态""水＋能源"等多元场景，融合物联网、信息化技术，推动水利与多学科交叉创新。

第六届大赛（2019 年，昆明）由昆明理工大学承办，主题为"智慧水利"，依托新技术手段探索智慧水利建设路径，持续践行绿色生态、人水和谐的发展原则。

第七届大赛（2021 年，呼和浩特）由内蒙古农业大学承办，主题为"新阶段，新水利"，聚焦节水优先、可持续发展与技术创新，呼应水利行业转型升级需求。

第八届大赛（2023 年，郑州）由郑州大学承办，主题为"水利高质量发展"，围绕新阶段水利现代化目标，深化新技术应用与创新实践，推动水利工程与时代需求深度融合。

纵览历届大赛主题演进，从"绿色水利""生态水利""高效用水""水＋""智慧水利"到"新阶段，新水利""水利高质量发展"，既一脉相承于"水是生命之源、生产之要、生态之基"的本质认知与"兴水利、除水害"的治水使命，更精准呼应"生态优先、绿色发展"的国家战略导向及"智慧＋互联网"技术驱动的行业变革趋势。这一演变既延续了水利学科对"节水优先、人水和谐"核心价值的坚守，又通过融入"新阶段""高质量发展"等时代命题，构建起"理念迭代—技术融合—实践创新"的育人闭环，持续为水利学科输送具备系统思维、创新能力与社会责任感的高素质人才，为破解复杂水问题、推进水利现代化储备创新动能。

全国大学生水利创新设计大赛的规模与影响力持续扩大，参赛高校从 2009 年的 30 所增加到 2023 年的 119 所，参赛队伍数量也从 85 支增长至 320 支，覆盖了全国超过 90% 开设水利类专业的高等院校，其中包括清华大学、河海大学、武汉大学等顶尖学府。大赛内容涵盖了水文水资源、水电工程、农业水利工程、港口海岸及近海工程等全产业链的专业领域，并吸引了土木工程、机械工程、环境科学等跨学科背景的高校参与。广泛的参与度不仅体现了赛事在水利及相关领域的深远影响，也促进了多学科交叉融合与协同创新。

（2）竞赛规则与流程

在参赛资格方面，参赛对象为中国水利教育协会会员单位的全日制本科在校学生。参赛者可通过学校推荐，以个人或小组形式报名参赛。每个参赛队的学生人数不得超过 5 人，指导教师不超过 2 人。其中，现场参赛的学生人数限为 3 人以内，指导教师限 1 人。同时，鼓励各高校先行组织校级预赛，从中选拔出优秀作品参与全国大赛。

在参赛作品方面，所有提交的作品必须为原创成果，须未公开发表，且具有完全自主知识产权，不得抄袭或侵犯他人知识产权；已获得相关奖项的作品也不得重复参赛。参赛作品应紧扣当届大赛主题，其选题、设计、分析和制作等核心环节均需由学生独立完成，充分体现学生的创新思维与实践能力。

在参赛方式方面，经学校推荐的参赛团队需提交完整的设计说明书、图纸以及展示作品功能的视频录像等相关材料。大赛组委会秘书处将联合承办高校共同组织专家进行网络评审，只有通过网络初评的团队才有资格进入现场评审环节。在现场评审阶段，评审委员会将依据作品资料、现场答辩表现及实物演示等内容，进行全面评估与打分，确保评审结果的科学性与公正性。

（3）评审机制

大赛设立特等奖、一等奖、二等奖。获奖比例根据报名参赛作品总数量和质量确定，其中，获奖比例特等奖原则上不超过 15%，一等奖不超过 30%，二等奖不超过 35%。

由教育部高等学校水利类专业教学指导委员会、中国水利教育协会高等教育分会聘请专家组成本届大赛评审委员会。评审委员会本着"公平、公正、公开、科学、规范"的原则，通过设计资料审阅、现场答辩和实物演示等程序，从参赛作品的选题、方案设计、结构设计和制作等方面，对作品的合理性、创新性、实用性、先进技术的应用以及参赛队员答辩与作品现场演示情况等进行评审。

（4）能力培养作用

全国大学生水利创新设计大赛作为水利工程领域最具权威性与影响力的学科竞赛，不仅是一项专业竞技活动，更是一个深度融合理论学习与工程实践的综合性育人平台。该赛事通过多维度、系统化的培养机制，在提升学生综合素质与专业能力方面发挥了不可替代的作用。

在创新能力培养方面，大赛鼓励学生突破传统思维定式，提出具有前瞻性和可行性的设计理念与解决方案。参赛过程中，学生需结合水利行业的发展趋势和现实需求，围绕关键问题开展研究，探索具有创新价值的课题方向。部分团队聚焦水资源短缺与水环境污染问题，开发了新型水资源循环利用系统，优化资源配置与净化工艺，提高用水效率；另一些团队则致力于水利工程智能化发展，研制出具备实时监测与参数调节功能的智能控制系统，提升了工程运行的安全性与效率。这些成果体现了学生的专业素养与创新能力，为行业发展提供了新思路。通过全过程参与，学生逐步掌握从问题识别到方案设计的能力，增强了技术探索与创新实践的意识，为其未来职业发展奠定了坚实基础。

在学术素养提升方面，参赛作品说明书是评委评估项目质量的重要依据，其撰写对学生提出了较高的科研写作要求。学生需系统阐述作品背景、设计原理、理论分析及实验验证过程，并引用高质量文献资料，同时遵循统一格式进行排版。这一过程不仅锻炼了学生的逻辑表达与文字组织能力，也使其初步掌握科学研究与数据分析的基本方法。此外，赛事高度重视学术诚信建设，明确要求数据来源真实、引用规范，严禁抄袭与剽窃行为。通过严格的评审机制与指导流程，学生逐步养成严谨的科研态度与良好的学术习惯，为后续从事科研工作或继续深造打下坚实基础。

在实践能力培养方面，赛事强调将理论知识应用于实际工程项目中。学生需根据比赛主题完成从方案设计到实物实现的全流程操作。部分团队运用 CAD、ANSYS、3Ds Max 等软件进行建模与仿真，并通过 3D 打印、机械加工等方式制作模型，结合实验测试验证其性能。此过程显著提升了学生的动手能力与工程实现能力，使其掌握从概念设计到工程落地的关键环节。在此基础上，学生还需综合考虑材料选择、工艺可行性与成本控制等因素，确保设计方案的可实施性与经济性，从而全面提升解决复杂工程问题的能力。

在团队协作能力培养方面，大赛以团队形式开展，学生需在项目推进过程中分工合作、高效沟通，制定科学合理的进度安排，确保任务按时高质量完成。在协作过程中，成员之间相互配合、优势互补，共同克服技术难题与执行障碍，提高了整体执行力与项目管理能力。这种基于项目导向的学习方式，有助于学生在未来工作中更好地适应团队合作环境与项目执行任务。

在职业素养培养方面，赛事为学生提供了一个展示自我与交流互动的平台。通过与来自全国各地的优秀学子及行业专家的深入交流，学生得以拓宽视野，了解行业发展动态与技术前沿。在比赛过程中，学生需遵守规则、尊重评审意见，展现出良好的职业道德与精神风貌。这不仅有助于其职业素养的形成，也增强了团队意识与社会责任感。获奖经历在求职过程中具有显著优势。用人单位普遍认可参赛学生在实践能力与创新素养方面的突出表现，参赛经验成为其就业竞争力的重要加分项，进一步印证了该赛事在人才培养方面的显著成效。

全国大学生水利创新设计大赛通过"问题驱动—技术攻关—团队协作—成果转化"的闭环培养路径，构建了学生能力提升的"金字塔模型"。底层为建模、实验与工程实现等技术硬实力，中层为创新思维、团队协作与伦理意识等软性素质，顶层则指向资源整合与职业发展能力。该模式契合"新工科"教育理念，通过真实项目训练，使学生成长为具备解决复杂工程问题能力的复合型人才。

（5）获奖作品解读与分析

在创新性方面，获奖作品突破传统水利工程思维范式，以独特视角构建创新理念与方法体系。其设计理念突破功能主义局限，将生态理念深度融入水利工程全周期，致力于构建人水和谐的水利生态系统；问题解决路径呈现鲜明独特性，或引入新算法优化水资源调度模型，或融合跨学科理论突破技术瓶颈，为行业技术革新提供了新思路与新方向。

在实用性方面，作品高度契合水利行业实际需求，针对水资源短缺、水污染防治、水利设施老化等现实问题，形成具有可操作性的解决方案。以城市内涝防治为例，相关排水与雨水收集装置技术成熟、成本可控，其技术方案可在不同地域特征与项目规模中实现适应性推广，兼具工程应用价值与产业化潜力。

在技术融合性方面，获奖作品彰显多学科交叉融合特征，通过水利工程与计算机科学、材料科学、自动化控制等学科的深度耦合，将物联网、大数据、无人机遥感、人工智能等前沿技术嵌入水利工程领域，显著提升水利设施的智能化水平与精细化管理能力。

在环保可持续性方面，获奖作品注重生态保护措施的全程嵌入，强化水生生态系统完整性保护，推广节水技术与水资源循环利用模式以降低消耗；设计方案与运行机制遵循可持续发展原则，通过可再生能源应用、水资源优化配置等技术路径，保障水资源的长期安全稳定供应。

在完整性与规范性方面，获奖作品形成涵盖项目背景、设计思路、技术路线、实施计划及预期效果的完整方案体系，各环节逻辑严密、衔接有序；同时严格遵循行业技术标准与赛事规范，在安全性、可靠性与稳定性方面满足工程实践要求，展示汇报环节能够精准传递核心创新点与技术价值。

在经济性方面，获奖作品在保障性能指标的前提下，通过优化材料选型、改进施工工艺等方式有效控制建设与运行成本。部分水资源循环利用项目通过水资源回收再利用，直接降低企业用水成本，在技术创新的同时实现经济效益提升。

以 2019 年特等奖获奖作品"螺旋叶双转轮对旋式鱼类友好型水轮机"为例，在结构设计方面，该水轮机采用卧轴布置形式，包含进水段、前转轮、后转轮和尾水段。其独特的双转轮结构区别于传统单转轮水轮机，为水流及鱼类通过提供了特定的流道环境（图4-11）。前转轮与后转轮均采用螺旋叶片设计，在长流道中可有效减小压力梯度，从而避免鱼类因压力变化剧烈而受到损伤。在功能特性方面，该水轮机具有较高的发电效率，设计工况下效率达到 79.20%，最高效率可达 80.42%。同时具备良好的鱼类友好性能，流速平均为 9.09m/s，相对较低；最大剪切力和最低压力指标优于相关标准，最大压力梯度平均值优于标准 36.5%，过机时间较短，以上因素均有助于降低鱼类通过时的受损风险。在技术应用方面，该作品利用 CFD 软件进行数值模拟，通过调整多种参数对转轮结构进行优化设计，体现了计算流体动力学技术在水利机械设计中的有效应用（图 4-12 ~ 图 4-14）。在环保与可持续性方面，该水轮机在实现高效发电的同时兼顾鱼类保护功能，有助于维护河流生态系统的稳定性。从创新性来看，该作品将鱼类保护需求与水轮机发电功能相结合，在结构设计、叶片形状及流道布置等方面实现了多维度创新，是融合水利工程与生态保护理念的跨领域创新成果，在水利创新大赛中展现出显著优势。

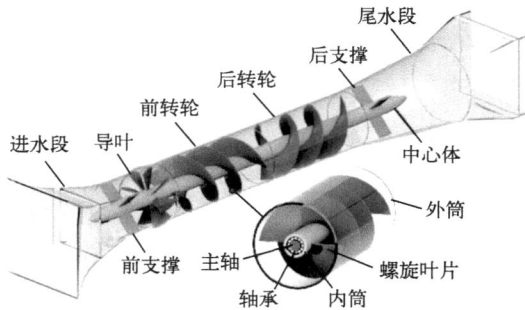

图 4-11 "螺旋叶双转轮对旋式鱼类友好型水轮机"整体示意图

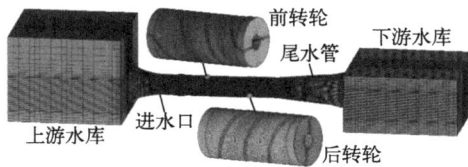

图 4-12 全流道结构化网格

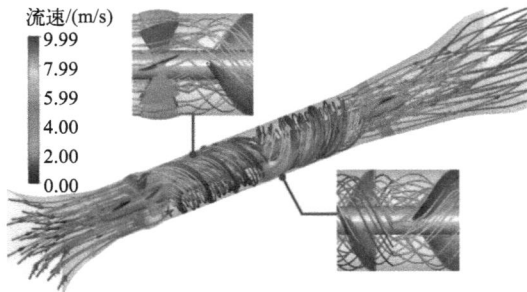

图 4-13 流线图

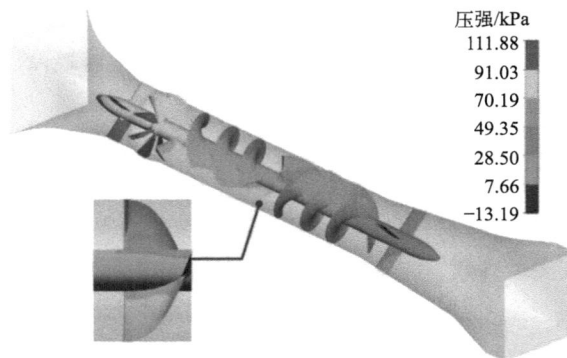

图4-14 压力云图

4.3 海洋工程类学科竞赛

海洋工程作为面向海洋资源开发与利用的工程学科，其知识体系具有显著的多学科交叉特征。在人才培养过程中，学科竞赛与实践项目承担着验证理论基础、培养工程能力的重要职能。这类活动为学生提供了将海洋工程专业知识应用于实际场景的机会，例如通过流体力学分析与结构设计解决海洋平台振动控制问题，使抽象理论在具体工程实践中获得验证与发展。实践环节要求学生系统完成海洋环境参数分析、结构稳定性计算、模型试验等关键步骤，并在此过程中掌握海洋工程特有的技术要求。针对深海开发、海上风电等新兴领域的技术难题，竞赛活动促使学生突破传统设计范式，探索创新解决方案。团队协作机制要求参与者在船舶工程、海洋结构物设计等领域开展跨学科合作，通过协同创新完成技术方案设计与优化，从而培养适应海洋工程特点的专业能力与团队精神。海洋工程类学科竞赛在促进技术创新与产业升级方面发挥着独特作用。一方面，学生通过竞赛接触智能传感监测、波浪能高效捕获等前沿技术；另一方面，高校与企业通过联合举办竞赛推动产学研深度融合，加速海洋工程技术的成果转化。这种协同机制不仅提升了学生的创新能力，也为海洋工程技术发展提供了人才与技术支持。

我国已构建起完善的海洋工程类竞赛体系，形成国家级、省级、校级三级平台，并设立专业型与综合型两类赛事。专业型竞赛如全国海洋航行器设计与制作大赛聚焦特定技术领域；综合型赛事则通过产业命题模式推动创新成果转化。这种分类体系既保证了竞赛的专业深度，又拓展了学生的创新视野，为培养适应海洋经济发展需求的复合型人才提供了有效途径。

4.3.1　全国海洋航行器设计与制作大赛

（1）赛事简介

全国海洋航行器设计与制作大赛（China Marine Vehicle Design and Construction Contest，CMVC）由中国科学技术协会、工业和信息化部指导，中国船舶集团有限公司、中国造船工程学会、国际船舶与海洋工程创新与合作组织主办，是国内乃至国际船舶与海洋工程领域、海洋科学领域层次最高、规模最大、覆盖面最广的竞赛。全国海洋航行器设计与制作大赛以"崇尚科学、实践求知、锐意创新、面向海洋、服务国防"为宗旨，赛事紧密结合行业高校优势和特色，推动船舶与海洋工程装备产学研一体化发展，拓展船海学科建设和专业发展空间，切实增强船海及相关专业学生的实践动手能力、创新能力和综合素质，为行业打造高层次、应用型船海工程技术人才培养储备力量，并鼓励优秀作品走向社会、走向市场，促进相关成果的推广和孵化。

2012 年首届赛事由西北工业大学主办，7 所高校 74 支队伍、318 名师生参与，奠定赛事发展的制度基础。2021 年第十届大赛由上海交通大学主办，参赛主体突破百所（128 所院校及科研机构），入围作品达 666 件，标志着赛事从区域性活动向全国性专业平台的跨越式发展。2024 年第十三届大赛在江苏科技大学举办，386 所院校及科研机构的 2555 支队伍、13559 名师生参与，凸显其在人才培养与技术创新中的协同效应。

大赛分为七大类竞赛项目，涵盖设计、制作、智能技术应用等多维度创新。

① 创新、创意及创业类（A 类）：该类赛事聚焦"原始创新—技术转化—产业落地"的完整链条，要求参赛者以新概念设计（A1）突破传统海洋装备的功能边界，通过技术难题求解（A2）直面船舶工业的"卡脖子"问题，并以前沿科技挑战（A3）探索人工智能、新能源等技术与海洋工程的融合路径。评审体系强调创新性（占比 80%）与可行性（占比 20%）的双重考量，参赛作品需提交包含技术路线图、市场分析及商业计划的全流程方案，体现从实验室到产业化的转化潜力。

② 设计与制作类（B 类）：分设水面组（B1）与水下组（B2），要求参赛团队完成"概念设计—结构优化—原型制造—功能验证"的完整闭环。水面组侧重高速性、耐波性等性能指标，水下组则关注潜浮控制、水动力隐身等核心技术。评审标准涵盖设计创新度（30%）、结构合理性（25%）、制作工艺（20%）及实航表现（25%），要求作品在水池测试中完成 5 分钟功能演示，并通过数据链实时传输航行参数。

③ 舰船模型智能航行类（C 类）：构建"感知—决策—执行"的智能技术验

证平台，包含智能导航（C1）、模拟对岸火力支援（C2）、海上智能感知（C3）三大方向。参赛模型需搭载自主开发的算法系统，实现自动避障、路径规划、目标识别等任务，评分体系着重考察控制精度（40%）、任务完成度（30%）及系统鲁棒性（30%）。竞赛场地配备水下摄像监控系统，全程记录模型航行轨迹与决策逻辑。

④ 名船名舰模型仿真制作类（D 类）：以"历史还原度"为核心评价维度，要求参赛者基于舰船史料、图纸档案进行 1∶50 至 1∶200 比例的高精度复刻。评分细则涵盖外观相似性（40%）、细节完整度（30%）、工艺复杂度（20%）及文化阐释（10%），重点考核铆接工艺、涂装还原、舾装件制作等传统造船技艺的现代传承。优秀作品需通过手机 APP 实现灯光控制等交互功能，增强历史场景的沉浸式体验。

⑤ 船模竞速类（E 类）：设置常规动力组（E1）与改装动力组（E2）双赛道，前者限定使用标准推进器，后者允许采用 3D 打印桨叶、混合动力系统等创新设计。竞赛依托 50 米标准测试水池，通过激光测速仪与运动捕捉系统精确记录航速、转向角等 18 项参数，评分权重中速度性能占 60%、稳定性占 25%、能效比占 15%。改装组特别鼓励新型材料与仿生推进技术的应用。

⑥ 帆船模型竞速类（F 类）：分设现代帆船竞速（F1）与中式古帆船竞速（F2）两大类别，前者侧重空气动力学优化，要求模型在 5 级风况下完成三角绕标；后者强调传统帆装系统的复原，评分标准中操控技巧（40%）、帆型适配度（30%）与文化符号还原（30%）并重。竞赛引入风速实时监测系统，动态调整赛道难度系数以考验模型的适应性。

⑦ 海洋知识竞赛（G 类）：构建涵盖海洋科学（35%）、船舶工程（30%）、海洋政策（20%）、极地开发（15%）的立体化知识体系，采用"必答—抢答—风险题"三级赛制。题库每年更新 20% 内容，重点纳入深海探测、绿色船舶、海洋碳汇等前沿领域知识，要求参赛者在 90 秒内完成跨学科知识的快速关联与精准输出。

赛事始终围绕国家重大战略需求和行业发展前沿，不断深化主题内涵。早期赛事聚焦新概念航行器设计与基础技术验证，强调创新思维与工程实践的结合；随着海洋强国战略的推进，主题逐步拓展至智能航行、绿色能源、深海探测等领域，融入人工智能、物联网、大数据等前沿技术，推动多学科交叉融合。近年来，大赛更以"智慧海洋""生态航运""深蓝探索"为核心方向，鼓励参赛作品在新能源动力、无人化系统、海洋环境监测等方向实现突破，充分体现"科技赋能海洋、创新驱动发展"的时代命题。历届赛事主题的演进，既一脉相承于"经略海洋、科技兴海"的战略导向，又精准对接"双碳"目标、深海战略、国防安全等国家重大需求，构建起"基础创新—技术攻关—成果转化"的完整育人链条，为船舶与海洋工程领域输送了大批具备系统思维、跨学科协作能力和国际视野的复合型人才。

（2）竞赛规则与流程

全国海洋航行器设计与制作大赛遵循"公平、创新、实践"原则，采用"校赛选拔—区域赛晋级—全国总决赛"三级赛制，全程贯穿严格评审与动态优化机制。参赛团队需以高校为单位报名，每队人数为 3～15 人，允许跨校组队，但需明确主申报单位。作品须为原创设计，具备自主知识产权，且需围绕大赛发布的命题方向或自主选题完成创新实践。竞赛流程分为四个阶段：校级初赛由各高校自主组织，重点考核作品创新性与技术可行性，选拔优秀项目进入区域赛；区域赛按地理划分华南、华东、华北等分赛区，增设现场答辩、实航测试等环节，由行业专家与企业代表组成的评审团从技术含量、实用价值、完成度等维度评分，晋级率约30%；全国总决赛涵盖作品展示、路演答辩、性能实测等环节，评审团由院士、船舶设计大师、企业技术总监及高校教授联合组成，重点考察作品的产业化潜力与社会效益，最终评选特等奖、一等奖及专项奖（如最佳创意奖、最佳工程奖）。此外，赛事设置"复活机制"，区域赛未晋级但具有突出技术亮点的作品，可经组委会推荐直通国赛。全程要求参赛团队提交技术文档、设计图纸、演示视频等材料，并严格遵循保密协议，确保核心技术不泄露。

（3）评审机制

大赛设立一等奖、二等奖、三等奖；各等级奖分别约占进入决赛各类作品总数的 10%、20%、30%；对所有获奖作品及竞赛项目颁发证书及相应物质奖励。

① A 创新、创意及创业（三创）。

A1 新概念创意设计。新概念创意设计的评分标准分为创新性和可行性两部分。创新性占 80 分，包括原理独特性、布局创新性、方式新颖性和要素集成性，每项各占 20 分。原理独特性主要考察航行、推进、控制等方面的创新；布局创新性关注流体、结构、功能等方面的布局；方式新颖性则评估航行、下水、应用等方式的新颖程度；要素集成性则是对文化、环保、成本等要素的综合考量。可行性占 20分，涵盖任务能力与特点、应用前景和工程可行性，分别占 5 分、5 分和 10 分，主要评估作品的实际应用价值和工程实施的可行性。

A2 技术难题求解。技术难题求解的评分标准聚焦于能否解决技术难题和成本合理性。能否解决技术难题占 15 分，评估作品在解决特定技术难题上的能力和效果；成本合理性占 5 分，考查作品在实现功能的同时，成本控制的合理性。

A3 前沿科技与产业发展挑战。前沿科技与产业发展挑战的评分标准包括可行性、发展前景和经济效益。可行性占 30 分，分为技术可行性（15 分）和实施路径合理性（15分），评估项目的技术实现和实施路径的合理性。发展前景占30分，包括市场需求（15分）和行业影响力（15分），考察项目的市场潜力和行业影响力。经济效益占40分，分为投资回报率（20分）和商业模式创新性（20分），评估项目的经济回报和商业模式的创新程度。

② B设计与制作。

B1水面组。水面组的评分标准分为功能评分和制作评分。功能评分占80分，包括创新性（20分）、申报功能完成情况（30分）、同类作品功能比较（20分）和循迹绕标功能（10分），评估作品的功能创新和完成情况。制作评分占20分，涵盖自主设计程度（5分）、布局合理性（5分）、自制比例（5分）和材料环保性（5分），评估作品的制作水平和环保性。

B2水下组。水下组的评分标准分为指定功能评分和自选功能评分，以及制作评分。指定功能评分占80分，基础功能（40分）包括航行器放航到位、下潜及悬停、水下返航等，附加功能（40分）包括新推进设备、导航控制方式、加载功能等。自选功能评分占80分，包括下水布放及回收（20分）、自选功能完成情况（40分）和横向功能比较（20分）。制作评分占20分，同水面组，评估作品的制作水平和环保性。

③ C智慧船舶与海洋工程技术。

C1智能航行。智能航行的评分标准根据完全自制组和控制组的不同而有所区别。完全自制组的评分标准包括自主航行功能完成度（60分）、创新性（20分）和稳定性（20分），评估作品在自主航行、创新和稳定性方面的表现。控制组的评分标准包括控制精度（50分）、响应速度（30分）和抗干扰能力（20分），评估作品在控制精度、响应速度和抗干扰能力方面的表现。

C2模拟对岸火力支援。模拟对岸火力支援的评分标准分为射击分数和计时分数。射击分数占60分，包括命中率（40分）和射击精度（20分），评估作品的射击准确性和精度。计时分数占40分，包括航行时间（20分）和射击准备时间（20分），评估作品的航行速度和射击准备效率。

C3智能感知。智能感知的评分标准分为客观评审和主观评审。客观评审占70分，包括识别精度（40分）和推理速度（30分），评估作品在目标识别和推理速度方面的表现。主观评审占30分，包括算法创新性（15分）和实用性（15分），评估作品的算法创新和实用性。

C4智能导航。智能导航的评分标准分为客观评审和主观评审。客观评审占70分，包括导航成功率（40分）和路径优化效率（30分），评估作品在导航成功率和路径优化方面的表现。主观评审占30分，包括算法鲁棒性（15分）和适应性（15分），评估作品的算法稳定性和适应性。

④ D 名船名舰模型仿真制作。

名船名舰模型仿真制作的评分标准包括仿真度、工艺水平和创意性。仿真度占60分，包括外观还原度（30分）和结构合理性（30分），评估模型在外观和结构上的还原度和合理性。工艺水平占30分，包括细节处理（15分）和材料应用（15分），评估模型的制作工艺和材料使用。创意性占10分，包括独特设计元素（10分），评估模型的独特设计。

⑤ E 船模竞速。

E1 传统动力组。传统动力组的评分标准分为航行时间和操控性。航行时间占70分，为完成赛道用时（70分），评估作品的航行速度。操控性占30分，包括转向灵活性（15分）和稳定性（15分），评估作品的操控性能。

E2 升级动力组。升级动力组的评分标准分为航行时间和创新性。航行时间占60分，为完成赛道用时（60分），评估作品的航行速度。创新性占40分，包括动力系统设计（20分）和能源效率（20分），评估作品在动力系统设计和能源效率方面的创新。

⑥ F 帆船模型竞速。

F1 现代帆船竞速。现代帆船竞速的评分标准分为航行时间和风帆利用效率。航行时间占60分，为完成赛道用时（60分），评估作品的航行速度。风帆利用效率占40分，包括角度控制（20分）和速度优化（20分），评估作品在风帆利用方面的效率。

F2 中式古帆船竞速。中式古帆船竞速的评分标准分为航行时间和文化还原度。航行时间占50分，为完成赛道用时（50分），评估作品的航行速度。文化还原度占50分，包括帆船设计（25分）和航行姿态（25分），评估作品在帆船设计、航行姿态和文化还原方面的表现。

⑦ G 海洋知识竞赛。

海洋知识竞赛的评分标准分为答题准确率和答题速率。答题准确率占70分，为正确题目数量（70分），评估参赛者的知识储备和答题准确性。答题速度占30分，包括平均答题时间（30分），评估参赛者的答题速度和效率。

（4）能力培养作用

全国海洋航行器设计与制作大赛作为我国海洋装备领域具有显著影响力的科技创新赛事，其育人功能已形成系统化人才培养体系。该竞赛通过"赛教融合"的实践路径，在创新思维培育、工程能力训练、团队协作培养及理论实践转化等方面构建起多维度人才培养机制。本部分将从四个核心维度系统分析其教育价值，同时客观探讨其实施过程中存在的现实局限。

在创新思维与创新能力培养方面，赛事设置的新概念创意设计类竞赛形成完整的创新训练闭环。参赛作品需体现功能原理或结构布局的突破性创新，并配套说明书撰写、创新点提炼及答辩环节，使学生经历从创意构思到成果转化的全流程实践。这种系统性训练不仅强化了学生对科技创新方法论的理解，更通过主动开展技术创新活动，有效提升了其发散性思维与批判性思考能力。在撰写说明书过程中，学生需对创新理念进行系统化梳理，培养了逻辑思维与学术表达能力；而答辩环节则通过实时应答训练，显著提升了学生的学术交流能力与抗压能力。

在工程实践能力提升方面，赛事要求学生完成海洋航行器设计与制作类、船模竞速赛等项目，需独立完成总体设计、仿真建模、图纸绘制、零部件采购及系统集成等工程流程。这种实践模式突破传统教学的理论局限，使学生在实物制作过程中掌握跨学科工程技能，特别是在电路连接、结构装配等环节弥补了理论教学的实践短板，显著提升了工程问题解决能力。通过亲手搭建海洋航行器的实践过程，学生不仅深化了专业知识体系的系统性认知，更激发了对专业领域的实践热情，形成了"学以致用"的良性循环。

在团队协作能力培养方面，大赛允许每个参赛队伍有两名指导老师，每队最多5名成员。通过多学科交叉项目的实施，要求学生协调技术分歧、优化分工方案并处理意见冲突。在解决复杂工程问题的过程中，团队成员需进行跨专业协作与知识共享，这种组织协调能力的历练不仅培养了学生的集体荣誉感，更塑造了其在科研与工作中所需的领导力与沟通能力。值得注意的是，团队成员间的专业背景差异既是优势也是挑战，需要建立有效的沟通机制以平衡不同学科视角，这对赛事组织方提出了更高的管理要求。

在理论与实践结合能力培养方面，大赛中的技术难题求解类竞赛项目及航行器设计制作类项目，要求学生综合运用流体力学、自动控制等多门课程知识构建解决方案。通过将抽象理论转化为工程设计参数的实践过程，学生实现了从"解题"到"解决问题"的能力跃迁。这种基于真实工程需求的综合训练，不仅深化了专业知识体系的系统性认知，更培养了学生运用理论工具解决复杂工程问题的实践智慧。

（5）获奖作品解读与分析

以武汉理工大学第十三届特等奖作品《"海眸守望"——面向海牧场的多功能水下航行器》为例，该航行器以海洋牧场智慧化管理需求为导向，通过模块化机械架构与四自由度矢量推进技术，实现水下全姿态高精度运动控制，其低阻力流线型设计结合 CFD 流体仿真优化，使推进效率提升 18%、能耗降低 22%；搭载 YOLOv8 视觉算法与多传感器融合导航系统，完成鱼群密度实时监测（准确率92%）与自主路径规划（定位误差 0.3m），同时集成柔性驱动机械臂（抓取误差

＜2cm）与渔网破损检测模块（响应时间＜0.5s），显著提升水下作业效率与生态保护能力（图 4-15、图 4-16）。作品创新性融合机械工程、计算机视觉与生态学理论，采用可降解生物基复合材料壳体与太阳能辅助供能系统，降低设备全生命周期维护成本 35%，并通过低流速流道设计将作业扰动强度控制在 0.1N/m² 以下，兼顾海洋装备高效性与生态友好性。目前其已在山东半岛海洋牧场实现规模化应用，鱼群监测误差率＜5%、渔网巡检效率提升 4 倍，未来可拓展至水下环保与资源勘探领域，单台年运维成本仅 12 万元，较传统模式节约 60%，成为智慧海洋装备技术转化与产业化落地的标杆范例，彰显"技术革新—生态保护—经济可行"三位一体的海洋工程创新范式。

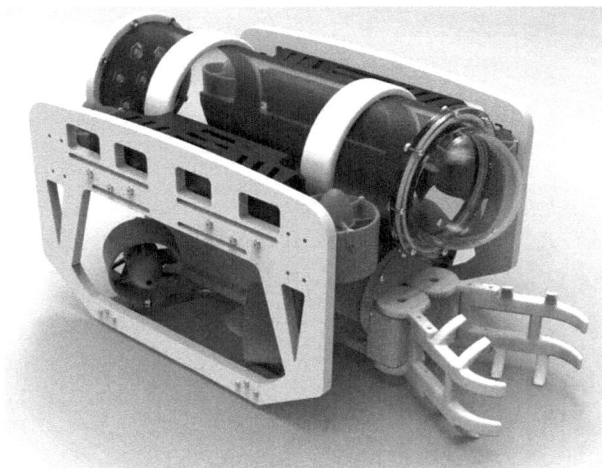

图 4-15　航行器实体渲染图

图 4-16　航行器实物图

4.3.2　中国海洋工程设计大赛（COEDC）

（1）赛事简介

中国海洋工程设计大赛（China Ocean Engineering Design Competition，COEDC）是由教育部高等学校海洋工程类专业教学指导委员会、中国海洋工程咨询协会、中国石油学会海洋石油分会和中国航海学会等权威机构联合主办的全国性大学生学科竞赛。大赛聚焦海洋工程领域的科技创新与工程实践，旨在培养高素质海洋工程人才，推动我国海洋能源开发与海洋强国建设。大赛旨在培养学生深水工程领域"设计＋智能优化"的思维及能力，锻炼技术开发能力和系统设计思想，为培育深海资源开发、深海智能装备以及深海工程服务等领域新质生产力提供人才资源，切实做到"学、赛、研"三者的相互促进，从而锻炼和提高学生的综合素质和专业知识水平，适应我国海洋油气工业发展需要，培养科技创新型、工程实践型的卓越海洋工程师人才。

首届大赛（2019年，北京）由中国石油大学（北京）、东北石油大学和西安石油大学承办，主题为"新概念浮体设计和制作"，赛题将紧密围绕海洋工程的浮体、钻井、水下生产系统、管线等模块，切实提高参赛选手解决现场实际生产问题的水平。

第二届大赛（2020年，线上）由中国石油大学（北京）、东北石油大学和西安石油大学承办，主题为"海洋可再生能源的开发和利用"，主要针对海洋波浪能、风能、潮汐能等发电装置进行创新设计。

第三届大赛（2021年，线上）由中国石油大学（北京）、东北石油大学和西安石油大学承办，主题为"新概念导管架平台设计和制作"，充分契合国家关于国民经济和社会发展第十四个五年规划中协调推进海洋资源保护与开发，推进海洋强国建设的要求。

第四届大赛（2022年，线上）由中国石油大学（北京）、东北石油大学和西安石油大学承办，主题为"深水动态管缆总体设计与智能优化"，浮式平台选定为即将服役在中国南海流花油田的国内首座圆筒形FPSO，管缆构型为系链缓波形状。

第五届大赛（2023年，线上线下相结合，线下北京）由中国石油大学（北京）、东北石油大学和西安石油大学承办，本届大赛赛题选取半潜式生产平台系泊系统与立管智能优化设计为主要内容，紧密围绕海洋油气工程的浮式平台、系泊系统和深水立管、深水钻井等模块，切实提高参赛选手解决现场实际生产问题的水平。

第六届大赛（2024年，北京）由中国石油大学（北京）、东北石油大学和西安石油大学承办，本届大赛的研究分析对象为深海多金属结核开发系统设计方案，要求在给定采矿规模前提下，设计满足功能要求的采矿系统，并实现设计最优，切实提高参赛选手解决现场实际生产问题的水平。

赛题从聚焦基础海洋工程问题逐渐转为深海多金属结核开发系统设计，更加体现出党的二十大报告中"发展海洋经济，保护海洋生态环境，加快建设海洋强国"的战略部署，全面吹响了建设海洋强国的奋进号角。

（2）竞赛规则与流程

① 参赛人员。

全日制普通高校（含民办，不含在职生）在校研究生、本科生和专科生。参赛学生需根据参赛组别组成 1 ～ 4 人的团队（知识竞赛组 1 ～ 5 人），指导教师 1 人，学历构成不限。选手可同时参加设计制作组和知识竞赛组的比赛。

团队总分考虑团队学历系数，作品总分 = 原始得分 × 团队学历系数；

团队学历系数 = 全体团队成员学历系数之和 / 团队成员人数；

团队成员学历为博士研究生时，团队学历系数取 1.0；

团队成员学历为硕士研究生时，团队学历系数取 1.02；

团队成员学历为本科时，团队学历系数取 1.05；

团队成员学历为专科时，团队学历系数取 1.08。

② 组别设置。

大赛设有设计制作组与知识竞赛组。设计制作为大赛主题设计方案的优化设计。知识竞赛通过现场抢答的形式，围绕大赛主题专业知识开展激烈交锋。

③ 参赛作品。

设计制作组参赛队伍均需提交设计说明书。打印总页数需不小于 10 页（附录不算在打印总页数内），但不得超过 20 页；设计说明书查重需不超过 15%。设计说明书如涉及计算和论证，需在附录中体现详细的计算过程和充分论证。禁止抄袭，不得用相似的项目报告冒充；技术创新禁止使用已有的专利、著作或论文；若引用他人成果需说明并指明出处。设计说明书中不得包含参赛队伍所在单位和成员个人的任何信息。

④ 比赛安排。

比赛分为初赛和总决赛两个阶段。初赛在各参赛单位进行，初赛阶段结束后，大赛组委会将根据各参赛单位的有效作品数量，分配各参赛单位的总决赛名额，并由各参赛单位按参赛队伍成绩排序推荐入围总决赛队伍。总决赛阶段，入围总决赛的队伍需向大赛组委会提交设计成果，并进行现场答辩，答辩总时长为 10 分钟，每支队伍的汇报阐述时间不超过 6 分钟。

（3）评审机制

① 初赛。

晋级原则：评审晋级制。

晋级数量：按各参赛单位提交初赛有效作品数量占全国总有效作品数量之比，确定各参赛单位的晋级队伍数量。设计制作组的全国总晋级数量不超过20支队伍。

评审办法：大赛初审实行各参赛单位负责制，各参赛单位依据大赛组委会提供评审标准完成本赛区的作品初审，各参赛单位针对每个组别综合评选出晋级作品发送至总赛区进行作品有效性认定。

② 总决赛。

晋级原则：总决赛现场答辩。

评审办法：各参赛单位成功晋级的参赛队伍参加总决赛，评委依据技术评分标准和答辩评分标准打分，按照各参赛队伍的得分进行排序，产生获得总决赛的特等奖、一等奖、二等奖和三等奖。

（4）能力培养作用

中国海洋工程设计大赛对学生能力的培养作用显著，不仅提升了学生的专业素养，还强化了综合素质，为其未来职业发展和学术研究奠定了坚实基础。

在实践创新能力方面，大赛强调实践操作，要求学生将理论知识转化为实际的设计方案，并通过模型制作、模拟实验等方式进行验证和优化。这为学生提供了难得的实践机会，让学生在动手操作中提高解决实际问题的能力，增强工程实践技能。大赛鼓励学生提出独特的设计思路和创新解决方案。在应对各种复杂的设计要求和挑战时，学生需要突破传统思维的束缚，运用创新思维来解决问题，从而培养了他们的创新意识和创新能力。

在团队协作与沟通能力方面，大赛通常以团队形式参赛，学生需要与队友密切合作，共同完成设计任务。在团队协作过程中，学生们需要明确各自的角色和职责，发挥各自的优势，相互支持和配合，这有助于培养学生的团队协作精神和团队管理能力。团队成员之间需要进行有效沟通和交流，包括设计思路的讨论、方案的优化、任务的分配等。同时，学生还需要与指导教师、评委以及其他参赛团队进行沟通。通过这些沟通互动，学生能够提高自己的表达能力、倾听能力和沟通技巧，学会如何在团队和跨团队环境中进行有效的信息传递和交流。

在问题解决与应变能力方面，在比赛过程中，学生可能会遇到各种技术难题、设计缺陷以及突发状况。面对这些问题，学生需要运用所学知识和经验，进行分析、判断和解决。这一过程有助于培养学生独立思考和解决问题的能力，提高他们在面对复杂问题时的应对能力。大赛的赛题往往具有一定的开放性和不确定性，学生需要根据实际情况灵活调整设计方案。此外，比赛现场的各种突发情况也需要学生具备良好的应变能力。通过参与大赛，学生能够在不断变化的环境中锻炼自己的应变能力，学会如何在压力下保持冷静，迅速做出正确的决策。

在学术素养方面，大赛要求学生将海洋工程相关的多学科知识，如海洋结构物设计、流体力学、材料科学、工程力学等综合运用到实际设计中。这促使学生深入理解各学科知识之间的联系，提高知识的融合与运用能力，从而构建更完整的专业知识体系。为了在比赛中提出创新的设计方案，学生需要关注海洋工程领域的前沿技术和发展趋势，了解最新的研究成果和应用案例。这有助于学生拓宽视野，接触到行业内的先进理念和技术，激发他们对专业知识的进一步探索和学习。

（5）获奖作品解读与分析

在创新性方面，获奖作品技术突破、跨学科融合、绿色低碳理念、智能化应用以及解决实际工程难题等方面。近年来，随着海洋工程领域向深远海、新能源和数字化方向发展，参赛作品的创新点也呈现出鲜明的时代特征。

在经济性方面，作品在满足工程性能和安全要求的前提下，注重成本控制和经济效益。如通过优化结构设计、选用合适材料、合理规划施工工艺等方式，降低建设和运营成本。

在综合性方面，作品涉及海洋工程、船舶与海洋工程、土木工程、机械工程、电气工程等多个学科领域的知识和技术，体现了跨学科的融合与创新。系统设计全面，不仅关注主体结构设计，还综合考虑附属设施、动力系统、控制系统、安全保障系统等各个方面，形成完整的系统设计方案。

在科学性方面，设计方案基于扎实的海洋工程专业理论知识，运用流体力学、结构力学、材料力学等多学科理论进行分析和计算。数据支撑可靠，通过实验、数值模拟、实地调研等方式获取大量数据，以验证设计的合理性和有效性。例如有的作品会进行水池试验、数值模拟分析等，为设计提供有力的数据支持。

就创新性而言，以第三届获 A 类一等奖的参赛作品"张弦梁式导管架平台"作品为例，该设计使用张弦梁结构作为上部平台的支撑，保证了平台的刚度和整体结构的稳定性，引入形状记忆合金（SMA）缆索，温度变化自动调节预应力，适应热胀冷缩且结合数字孪生，实时监测缆索应力与腐蚀状态，优化节点设计，降低应力集中（通过拓扑优化算法生成异形节点）。平台采用了边桩和群桩同时布置的折中办法，使模型具有极强的坐底稳性和在位稳性，整体结构轻盈，解决了目前导管架平台承载能力弱、稳性差的普遍问题（图4-17）。

张弦梁式导管架平台

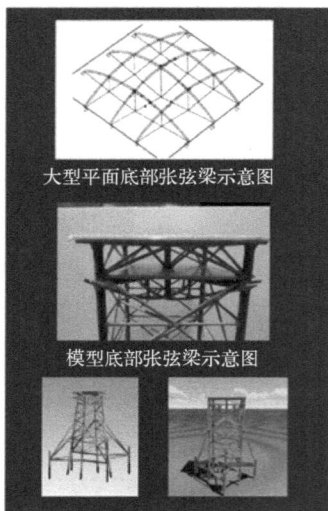

大型平面底部张弦梁示意图

模型底部张弦梁示意图

导管架平台上部的荷载可能到 5000～20000t，在模型测试中，沙袋也会使平台产生很大的变形。

使用张弦梁结构，不仅可以保证整个上部平台的刚度，将上部荷载均匀的分布到四条腿柱上。

结构轻盈，受力明确，在张弦梁下部给输油立管或油气储藏留有广阔的空间。

图 4-17 张弦梁式导管架平台

中国海洋工程设计大赛（COEDC）自创办以来，获奖作品在技术路线、创新方向和应用价值上呈现出鲜明的阶段性特征。通过对历届特等奖、一等奖作品的分析，技术演进趋势从传统油气向多元领域扩展，数字化与智能化渗透，绿色技术成为标配。行业应用价值有所提升，企业合作深度加强且专利与成果转化率提高。历年获奖作品呈现出"技术跨界化、创新场景化、成果产业化"的鲜明特征。

（6）成功团队的经验分享

在各类大学生学科竞赛中，成功团队的组建往往始于对成员背景的多元化考量。以全国大学生结构设计竞赛为例，除了土木工程专业的学生作为主力，团队还需吸纳机械工程专业擅长力学分析与模型制作的学生，以及视觉传达设计专业具有空间造型和美学素养的同学。机械工程专业学生的加入能够为结构设计提供更为精准的力学计算模型，确保结构在满足承载要求的同时实现材料的最优利用，视觉传达设计专业学生则可以从外观设计和空间布局的角度出发，使作品不仅在力学性能上达标，还具备独特的视觉效果。

这种专业互补性在竞赛过程中发挥着不可替代的作用。不同专业的思维方式和知识体系相互碰撞、融合，为解决复杂的竞赛问题提供了更多的思路和方法。在团队讨论中，土木工程专业的学生可能更关注结构的稳定性和安全性，从传统的结构力学原理出发进行设计；而机械工程专业的学生则会引入先进的有限元分析软件，对结构进行精确的力学模拟，发现潜在的风险点并提出优化建议；视觉传达设计专业的学生则能从整体造型和使用功能的角度出发，对结构的外观和内部空间进行合理规划，使作品更加符合实际应用场景和审美需求。

一个成功的团队必然需要具备核心成员来发挥领导力和凝聚力。核心成员应具备较强的专业素养、组织协调能力和决策能力。在竞赛准备阶段，核心成员要能够明确团队的目标和方向，制定合理的计划和分工，确保每个成员都清楚自己的职责和任务。核心成员需要根据竞赛主题和要求，组织团队成员进行资料收集、方案研讨和技术攻关等工作。

同时，核心成员还应具备强大的凝聚力，能够营造积极向上、团结协作的团队氛围。在竞赛过程中，难免会遇到各种困难和挫折，如设计方案被否定、模型制作失败等，此时核心成员要及时鼓励和安慰团队成员，激发他们的斗志和信心。操作上，通过组织团队建设活动、定期沟通交流等方式，增强团队成员之间的信任和默契，使大家能够心往一处想、劲往一处使，共同克服困难，朝着目标前进。

有效的沟通与协作机制是团队成功的关键因素之一。在团队组建初期，就应建立明确的沟通渠道和规范，确保信息能够及时、准确地传递。例如，可以定期召开团队会议，让每个成员汇报自己的工作进展和遇到的问题，共同讨论解决方案；同时，利用即时通讯工具建立团队群组，方便成员之间随时交流和沟通。在协作过程中，要注重分工与合作相结合。根据成员的专业特长和能力水平，合理分配任务，确保每个成员都能在自己擅长的领域发挥最大的作用。同时，要加强成员之间的协作配合，避免出现各自为政的情况。涉及多个学科领域的知识和技能，团队成员需要密切协作，共同完成项目的策划、设计、实施和展示等环节。在模型制作过程中，机械工程专业的学生负责结构设计和加工，土木工程专业的学生负责力学分析和优化，视觉传达设计专业的学生负责外观设计和装饰，大家相互配合、相互支持，共同打造出优秀的作品。

团队文化是团队的灵魂和精神支柱，对于团队的长期发展具有重要意义。一个成功的团队应注重团队文化的建设和传承，培养成员的共同价值观和团队精神。团队可以倡导创新、协作、拼搏、奉献的价值观，鼓励成员勇于尝试新方法、新技术，敢于挑战自我，突破极限。在团队文化传承方面，可以通过组织团队活动、制定团队规章制度等方式，将团队文化融入日常工作和生活中。定期举办团队聚餐、户外拓展等活动，增强团队成员之间的感情和凝聚力；制定团队的行为准则和工作规范，明确成员的行为标准和责任义务，营造良好的工作氛围。同时，要注重对新成员的培养和引导，让他们尽快融入团队文化，传承和发扬团队的优良传统。

（7）竞赛准备与时间管理

① 赛前知识储备与技能提升。

充分的赛前知识储备和技能提升是取得竞赛成功的基础。对于工程类学科竞赛，团队成员需要系统学习和掌握相关的专业知识和技能。以全国大学生结构设计竞赛为例，成员们要深入学习大学物理、理论力学、结构力学、材料力学等基础课程，熟悉各类结构的设计规范和计算方法；同时，还要掌握模型制作的材料特性、加工工艺和测试技术，提高模型的制作质量和性能。

为了提升团队成员的知识水平和技术能力，可以采取多种方式进行学习和培训。第一，可以组织内部学习小组，定期开展专业知识讲座和讨论活动，让成员们相互交流学习心得和体会。第二，可以邀请校内外专家进行指导培训，针对竞赛的重点和难点问题进行深入分析和讲解，帮助成员们拓宽视野、提高解决问题的能力。第三，可以鼓励成员参加相关的学术会议和竞赛活动，了解行业最新动态和发展趋势，学习借鉴其他优秀团队的经验和做法。

② 资料收集与分析。

在竞赛准备过程中，资料收集与分析是非常重要的环节。团队成员需要广泛收集与竞赛主题相关的资料，包括学术论文、研究报告、设计案例等，为方案设计和创新提供参考依据。例如，在中国海洋工程设计大赛中，团队可以收集国内外海洋工程领域的最新研究成果和实践经验，了解海洋环境的特点和影响，分析海洋工程结构的设计要求和规范标准。

在收集资料的基础上，要对资料进行深入分析和整理，提取有价值的信息和思路。通过对大量资料的分析研究，团队可以发现问题的本质和关键所在，找到解决问题的切入点和创新点。在水利创新设计大赛中，团队可以通过对水资源利用现状和水资源管理政策的分析，提出创新性的水利工程设计理念和方法，解决实际工程中的水资源短缺和水环境污染等问题。

③ 方案设计与优化。

方案设计是竞赛的核心环节，直接关系到竞赛的成败。在方案设计过程中，团队成员要充分发挥各自的专业优势和创新能力，结合竞赛主题和要求，提出多种可行的设计方案。团队可以从不同的角度出发，考虑技术创新、商业模式创新、管理创新等多个方面，设计出具有创新性和竞争力的项目方案。

设计方案确定后，要对方案进行反复优化和完善。通过模拟分析、实验验证等手段，对方案的可行性、可靠性和经济性进行评估，找出存在的问题和不足之处，并及时进行改进。以海洋航行器设计大赛为例，团队可以通过计算机模拟软件对航行器的性能进行模拟分析，优化航行器的结构和外形设计，提高其在水中航行的性能和稳定性；同时，要进行模型制作和实物测试，验证方案的实际效果，确保方案能够在竞赛中取得优异成绩。

④ 时间管理与进度控制。

合理的时间管理和进度控制是确保竞赛准备工作顺利进行的关键。在竞赛准备初期，团队要根据竞赛的时间安排和任务要求，制定详细的计划和时间表，明确每个阶段的任务和目标，以及完成时间和责任人。团队可以将准备过程分为资料收集、方案设计、模型制作、测试优化等几个阶段，为每个阶段设定合理的时间节点，确保各项工作有条不紊地进行。

在时间管理过程中，要注意合理安排时间，避免出现前松后紧或过度劳累的情况。同时，要定期对进度进行检查和评估，及时发现问题并调整计划。如果在某个阶段出现了延误或问题，要及时分析原因，采取有效的措施进行补救，确保不影响整个竞赛准备工作的进度。

（8）竞赛中的突发问题与应对策略

① 技术难题与解决方案。

在竞赛过程中，技术难题是不可避免的。例如，在全国大学生水利创新设计大赛中，可能会遇到水流或波浪模拟精度不足、水工构造物失稳等技术问题。当遇到技术难题时，团队成员要保持冷静，首先对问题进行分析和研究，找出问题的根源和关键所在。针对不同类型的技术难题，可以采取不同的解决方案。如果是理论知识方面的问题，可以通过查阅相关文献、请教专家等方式进行解决；如果是实践操作方面的问题，可以通过反复试验、调整参数等方法进行优化。同时，要注重团队成员之间的协作配合，充分发挥各自的专业优势，共同攻克技术难题。

② 团队内部矛盾与协调方法。

在紧张的竞赛过程中，团队内部可能会出现一些矛盾和分歧。例如，在方案设计和决策过程中，不同成员可能会有不同的意见和想法，导致团队内部出现争吵和冲突。当出现这种情况时，核心成员要及时介入，发挥协调和引导作用。首先，要鼓励成员充分表达自己的意见和想法，尊重每个人的意见和建议。其次，要对各种意见进行分析和比较，找出其中的合理性和不足之处。最后，通过民主讨论和投票等方式，达成共识，做出决策。同时，要加强团队成员之间的沟通和交流，增进彼此之间的理解和信任，避免矛盾和分歧的进一步激化。

③ 外部环境变化与应对措施。

竞赛过程中，外部环境可能会发生变化，如竞赛规则调整、评委要求变化等。当遇到外部环境变化时，团队要及时了解和掌握相关信息，分析其对竞赛的影响，并采取相应的应对措施。如果竞赛规则发生了调整，团队要对新的规则进行认真研究和解读，分析其对项目方案的要求和影响。如果需要对方案进行调整和修改，要及时组织成员进行讨论和研究，制定新的方案和计划。同时，要加强与评委和其他参赛队伍的沟通和交流，了解他们的需求和期望，及时调整自己的展示方式和策略，提高项目的竞争力。

④ 心理压力与情绪调节。

竞赛的高强度和高压力容易给团队成员带来心理压力和负面情绪。在比赛前的准备阶段，成员们可能会因为担心自己的表现而感到焦虑和紧张；在比赛过程中，如果遇到困难和挫折，成员们可能会产生沮丧和失落情绪。这些心理压力和负面情绪会影响成员们的工作效率和发挥水平。为了缓解心理压力和调节情绪，团队可以采取多种方式进行应对。一方面，可以组织一些放松身心的活动，如户外运动、看电影等，让成员们在紧张的竞赛之余得到放松和休息；另一方面，要加强团队成员之间的心理支持和鼓励，让成员们感受到团队的温暖和力量。同时，成员自身也要学会自我调节，通过合理的方式释放压力，保持积极乐观的心态，以良好的精神状态投入竞赛中。

（9）竞赛能力培养的保障体系

① 专业课程体系的优化。

在大学生学科竞赛能力培养的保障体系中，专业课程体系的优化构成基础性支撑架构。工科专业课程需构建具有纵深延展性的知识网络，以适配竞赛场景中复合型能力需求。在基础课程维度，数学、物理、力学等学科的教学效能直接映射至竞赛实践表现。以全国大学生结构设计竞赛为例，其对力学原理的深度解析与迁移应用能力提出明确要求，传统力学课程亟待突破纯理论推导模式，通过引入工程结构力学建模案例，强化学生对梁柱体系、桁架结构等典型力学模型的认知建构。数学课程应着重培育数值计算能力与数学建模思维，建议嵌入 MATLAB 等工程计算软件的教学模块，使学生掌握从符号运算到数值模拟的完整方法论链条，为竞赛中的参数优化与算法设计提供技术储备。

专业核心课程需建立与学科竞赛能力矩阵的精准对接机制。在水利创新设计大赛的实践场景中，水力学、河流动力学等课程应突破理论教学边界，通过增设流体可视化及物理模型实验等实践环节，使学生掌握流场观测、动量分析等核心技能，并建立实验数据与理论模型的双向验证机制。港口水工建筑物课程可引入离岸深水港、生态护岸等典型工程案例，通过方案比选、参数敏感性分析等教学环节，培育学生针对复杂水问题的系统解决能力。

专业选修课程模块应构建跨学科知识融合平台。以中国海洋工程设计大赛为参照系，课程体系需突破单一学科壁垒，通过设置海洋环境动力学、海洋工程材料学等交叉课程，构建"环境 - 结构 - 材料"三位一体的知识网络。海洋生态学课程可解析海岸带生态承载力评估方法，新型材料概论课程应侧重高分子复合材料、智能防腐材料等前沿领域的工程特性解析，为竞赛作品的创新性设计提供多维度理论支撑。

② 实践教学环节的强化。

在高等教育体系中，实践教学对于大学生学科竞赛能力的培养具有不可替代的作用。该教学模式能够有效地将理论知识与实际操作相结合，显著提升学生的动手能力及解决实际问题的能力。在工程类专业的实验教学领域，增加综合性、设计性实验的比例显得尤为必要。以建筑材料实验为例，尽管常规的材料性能测试实验具有其重要性，但在此基础上，设计一个综合性实验尤为关键。学生依据给定的工程需求，自主进行建筑材料的筛选，并开展配比设计与性能优化实验，这不仅锻炼了他们的材料选择能力，更有助于培养创新思维。这些能力在土木水利海洋工程竞赛中显然是至关重要的。

课程设计与毕业设计同样是实践教学中不可或缺的重要组成部分。在课程设计环节，引入真实的工程项目案例是一种极为有效的教学方法。让学生严格遵循工程设计的标准流程进行设计操作，能够帮助他们更深入地理解工程设计的核心。毕业设计则应进一步加强与实际工程的联系，积极鼓励学生选择具有实际应用价值的课题。此外，在毕业设计的整个过程中，引入企业导师的参与指导具有不可估量的价值。企业导师凭借其丰富的行业经验，能够让学生真实地了解工程项目的实际运作模式和行业需求，从而有效提升学生在竞赛中的工程实践能力。

加强校外实习基地的建设同样是提升学生竞赛能力的关键措施。学校应积极与企业建立长期稳定的合作关系，为学生提供宝贵的实习机会。在实习期间，学生有机会深入企业生产一线，全面了解工程的实际生产过程和技术需求。例如，在中国海洋工程设计大赛的准备过程中，学生前往海洋工程设计企业实习，参与实际海洋工程项目的设计工作。在此过程中，他们能够学习到企业的先进设计理念和方法，这无疑将有助于他们在竞赛中设计出更具竞争力的作品。

③ 竞赛相关课程的开发。

为了更好地培养学生在学科竞赛中的能力，开发专门的竞赛相关课程是非常必要的。竞赛相关课程可以分为基础理论课程和实践操作课程两部分。基础理论课程主要涵盖竞赛所涉及的专业知识领域的基础理论和前沿知识。

实践操作课程则侧重于培养学生的竞赛技能和实际操作能力。以全国大学生水利创新设计大赛为例，可以开设水利创新模型制作课程。在这门课程中，教师首先讲解水利模型的设计原理、材料选择、制作工艺等知识，然后指导学生进行实际的水利模型制作。学生在制作过程中，需要运用所学的知识解决遇到的各种问题，如模型的稳定性、水流模拟的准确性等。通过这样的实践操作课程，学生能够熟练掌握竞赛作品的制作流程和技巧，提高在竞赛中的竞争力。

竞赛相关课程的教学方法也应注重创新。采用项目驱动式教学方法，以实际的竞赛项目为导向，让学生在完成项目的过程中学习和掌握知识和技能。例如，在全国大学生结构设计竞赛相关课程中，教师可以将历年的竞赛题目作为项目任务，让学生分组进行设计制作。在项目实施过程中，学生需要进行团队协作、方案制定、模型制作、加载试验等一系列工作，这不仅能够提高学生的专业能力，还能培养学生的团队合作精神和创新能力。

（10）资源与平台共享

① 实验室资源共享。

实验室作为大学生学科竞赛能力培养的关键载体，其资源共享机制的构建对提升学生竞赛水平具有显著价值。在土木水利海洋工程学科领域，结构实验室、水力学实验室及海洋工程实验室等专业平台配备有门类齐全的实验仪器与设备。然而，受制于传统管理模式下实验室资源分散于不同专业方向或科研团队的现状，资源利用效率常受限于部门壁垒与信息不对称。因此，构建系统化的实验室资源共享机制已成为优化资源配置、提升竞赛支撑能力的必然选择。

针对当前资源管理痛点，首要任务是搭建统一的实验室管理平台。该平台需集成设备信息库、实时使用状态监控及标准化预约规则三大核心模块。通过数字化界面，学生可直观检索目标设备的可用时段与操作指南，并完成在线预约操作。以全国大学生结构设计竞赛为例，参赛团队可通过平台精准定位结构加载设备的空闲时段，提前规划模型加载试验流程，并获取设备安全操作规程与数据采集规范等技术文档。这种透明化、便捷化的管理模式有效缩短了资源获取周期，提升了实验准备效率。

在人力资源配置层面，应建立实验室技术人员的跨团队协作机制。经验丰富的技术人员不仅承担设备维护职能，更需深度参与竞赛指导工作。当学生在实验过程中遭遇技术瓶颈时，技术人员可凭借其专业素养提供即时支持。例如，在中国海洋工程设计大赛的海洋环境模拟实验环节，针对波浪模拟设备的参数校准难题，技术人员可基于长期积累的操作经验，指导学生优化波高、周期等关键参数设置，确保实验数据的准确性与可靠性。这种"设备＋技术"双轨支持模式显著降低了学生的试错成本，强化了实践环节的指导效能。

为应对竞赛需求的动态变化，需建立资源动态调配机制。该机制应以竞赛项目的技术特征与学生参与度为决策依据，实施差异化资源配置策略。对于结构设计、海洋工程等参与度较高的竞赛项目，可通过购置冗余设备、延长开放时间等方式保障资源供给。例如，在全国大学生水利创新设计大赛筹备期，可临时增设水力学综合测试模块的预约配额，或对流速仪、流量计等高频使用设备实施错峰共享方案。同时，应建立资源使用效能评估体系，通过数据分析动态调整资源配置方案，实现资源利用效率与竞赛支撑能力的协同优化。

② 图书资料与信息资源的整合。

图书资料和信息资源作为学生进行学科竞赛知识储备和学习的重要源泉，对其进行有效整合能够为学生提供更加便捷、全面的学习支持。在图书资料方面，学校图书馆应当系统性地收集和整理土木水利海洋工程相关的专业书籍、学术期刊以及竞赛指南等资料，并专门设立学科竞赛图书专区。此类图书资料应全面涵盖竞赛所涉及的各个学科领域的知识内容，其中既包括基础理论，也涉及前沿技术，同时包含案例分析等重要组成部分。以全国大学生水利创新设计大赛相关图书专区为例，该区域应当配备水利工程原理、水利创新设计案例、水资源管理等方面的专业书籍，以便于学生能够便捷地进行查阅和学习。

加强数字资源库的建设显得尤为重要。伴随信息技术的迅猛发展，大量学术文献、研究报告以及设计图纸等资料均以数字形式存在。学校应当积极购买或自主建设相关的数字资源库，并将其与图书馆的图书资源进行有机整合。学生便可通过校园网便捷地访问这些数字资源库，从而获取最新的学术研究成果和工程案例。

建立信息资源共享平台亦是不可或缺的重要举措。该平台能够整合学校内部和外部的各类信息资源，诸如竞赛通知、培训资料以及专家讲座视频等。学生可通过此平台及时获取竞赛的最新资讯，并且能够与其他参赛学生、指导教师展开充分的交流和互动。例如，在全国大学生结构设计竞赛举办期间，平台上可以适时发布竞赛规则解读、优秀作品展示等相关信息，同时设置论坛板块，以便学生们能够分享各自的竞赛经验和心得体会。

③ 校企合作平台的搭建与利用。

校企合作是大学生学科竞赛能力培养的重要途径，通过搭建和利用校企合作平台，可以为学生提供更多的实践机会、技术支持和行业资源。

校企合作建立实习基地。企业为学生提供实习岗位，让学生在实际的工作环境中学习和实践。在土木水利海洋工程领域，企业安排学生参与实际的工程项目，如建筑工程施工、水利设施维护、海洋工程设计等项目。在实习过程中，学生可以将所学的理论知识与实际工程相结合，提高自己的工程实践能力。还可以为学校提供技术支持和设备捐赠。企业拥有先进的技术设备和研发团队，他们可以将一些闲置的设备捐赠给学校实验室，或者为学生提供技术咨询和培训服务。校企合作还可以开展产学研联合项目。学校和企业共同确定研究课题，由教师带领学生参与项目研究。这种合作模式不仅可以提高学生的科研能力，还可以让学生的研究成果具有一定的实际应用价值。

（11）实践中的关键问题与挑战

在科技飞速发展与工程建设需求不断升级的背景下，土木水利海洋工程类竞赛与实践活动成为培养创新型工程人才、推动行业技术进步的重要平台。然而，随着活动规模扩大与复杂度提升，一系列关键问题与挑战逐渐凸显，制约其可持续发展与育人成效。这些问题涵盖技术应用、人才培养、资源保障等多个层面，需要深入剖析并寻求解决方案。

① 技术层面的复杂性与精准度挑战。

A. 多学科交叉融合的技术整合难题：土木水利海洋工程作为一门高度综合性的学科领域，犹如一片浩瀚的知识海洋，深度融合了力学、地质学、材料科学、环境科学乃至电气工程、自动化控制等多学科的理论精髓与实践智慧。这一领域的研究与实践，基于严谨的科学方法和系统的知识体系，展现出高度的专业性和跨学科性。其竞赛与实践项目，恰似一艘艘探索未知的航船，不仅考验着学生对单一学科知识的掌握程度，更要求他们能够像技艺高超的舵手一般，灵活而精准地综合运用多学科技术，以应对复杂多变的实际问题。以海洋能源开发项目为例，这一前沿领域便是多学科交融的生动体现。学生不仅要化身流体力学的行家里手，深入探究波浪的力学特性，设计出高效能、低阻力的波浪能转换装置，还需精通材料科学的奥秘，精心挑选并优化设备材料，确保其在盐雾侵蚀、海浪冲击等极端海洋环境下仍能保持卓越的耐久性与稳定性，成为屹立不倒的海洋卫士。电气工程的知识亦不可或缺，学生需巧妙布局电路系统，实现能量的稳定传输与高效储存，让海洋能源真正成为点亮未来的绿色之光。然而，学生在面对复杂问题时，往往陷入"只见树木，不见森林"的困境，难以从全局视角出发，统筹兼顾各学科因素，导致项目进展受阻，创新火花难以迸发。与此同时，教师团队也面临着知识结构单一的挑战。在传统学科划分的影响下，许多教师虽在各自领域内造诣深厚，却难以跨越学科的藩篱，为学生提供全面、深入的多学科交叉指导。这种局限性不仅限制了项目的技术深度，更在一定程度上影响了学生的创新思维培养，使得原本具有潜力的项目因缺乏跨学科的智慧碰撞而未能充分发挥其价值。

因此，加强跨学科教育，打破学科壁垒，构建多学科融合的教学体系，已成为当前土木水利海洋工程领域亟待解决的重要课题。这一改革旨在通过优化课程设置、强化实践教学、促进教师团队建设等措施，培养出既具备深厚专业功底，又拥有广阔跨学科视野的复合型人才。这些人才将在海洋能源开发等前沿领域发挥重要作用，为行业注入源源不断的创新活力，推动人类社会向更加绿色、可持续的未来迈进。

B. 模拟技术与实验条件的局限性：数值模拟技术，作为现代工程设计与分析领域的一种重要工具，凭借其高效、灵活且成本可控等特性，在优化设计方案、预测工程性能及评估潜在风险等方面发挥着重要作用。然而，在竞争激烈、挑战重重的实际应用场景中，模拟软件的准确性与适用性正面临着严峻的考验。

以水利工程中的洪水演进模拟为例，这一过程需要模拟模型能够精确反映复杂地形与多变的边界条件，以实现与自然力量的有效对话。然而，在实际操作中，由于计算资源、时间成本及模型简化假设等因素的限制，模拟往往难以完全还原现实世界的复杂性。例如，河流的蜿蜒曲折、河床的不规则形态以及植被对水流的影响等细微而关键的因素，在模拟过程中往往被简化或忽略，从而导致模拟结果与实际情况产生偏差。这种偏差对于学生而言，构成了一道挑战，使得他们难以仅凭模拟结果做出科学、可靠的工程决策，稍有不慎便可能陷入理论与实践脱节的困境。

除了模拟软件本身的局限性外，实验设备与场地的不足也是制约学生实践能力提升的关键因素。在部分高校中，大型水工模型试验设备、海洋工程波浪水槽等专业实验设施的缺乏，严重限制了学生开展高精度物理模型试验的能力。缺乏这些先进的实验设备，学生只能停留在理论设计的层面，无法通过实际操作来验证设计的合理性与可行性，从而加剧了理论与实践之间的鸿沟。即便有些高校配备了实验设备，但设备更新迭代速度的滞后也成为了新的难题。随着科技的飞速发展，新型工程材料不断涌现，智能监测技术日新月异，而实验设备的更新却往往滞后于行业技术的发展。这种滞后不仅导致学生无法及时接触到最前沿的实验技术与设备，还使他们在面对新型工程材料测试、智能监测技术验证等新兴需求时显得力不从心，难以满足行业对高素质创新人才的需求。

为了打破这一僵局，我们必须从多个维度入手，全面提升学生的实践能力与综合素质。一方面，应加大对模拟软件研发与优化的投入力度，提高模拟的准确性与适用性，为学生提供更加可靠、高效的模拟工具；另一方面，应高度重视实验设备与场地的建设与更新工作，确保学生能够接触到最先进的实验技术与设备，通过实际操作来深化理论知识、提升实践能力。

C. 新兴技术应用的瓶颈：在人工智能、大数据、物联网等新兴技术快速发展的背景下，各类工程领域的竞赛与实践活动也敏锐地捕捉到了这一时代脉搏，纷纷将新兴技术纳入其中，旨在客观激发学生的创新思维，并切实提升其解决复杂工程问题的能力。然而，在这场技术与教育的深度融合之旅中，实际应用之路却并非坦途，而是充满了各种挑战。

以人工智能算法在结构健康监测领域的创新应用为例，该领域的研究与应用本应能够显著提升工程结构的安全性。但在实际操作中，学生们面临着数据获取与模型训练的双重难题。工程现场的数据不仅包含丰富的工程信息，还涉及隐私与安全等敏感问题。由于数据所有者对数据泄漏风险的担忧，以及相关法律法规对数据使用的限制，学生们往往难以获取到足够数量且高质量的真实数据，从而难以训练出准确可靠的人工智能模型。此外，人工智能模型的参数优化与调优过程也极为复杂，要求研究者不仅要对各种优化算法有深入的理解，还要能够熟练运用编程语言将其实现，并通过不断的实验与调整，找到最优的模型参数组合。这对于大多数学生来说，无疑是一项艰巨的任务。

新兴技术的快速发展使得知识更新周期不断缩短，技术迭代速度日益加快。学生们与教师们需要不断适应这种变化，既要应对繁重的学业与教学任务，又要抽出时间来学习不断涌现的新知识、新技术。然而，由于人的精力与时间有限，面对如此海量的信息，他们往往难以跟上技术迭代的步伐。这种知识更新的滞后，导致技术在竞赛与实践活动中的应用往往停留在表面层次，无法充分发挥其应有的潜力与价值。

为了推动新兴技术在工程领域竞赛与实践活动中的深入应用与发展，必须采取切实有效的措施来应对上述挑战。一方面，加强与工程现场的合作与交流，建立数据共享机制，在确保数据隐私与安全的前提下，为学生提供更多真实、可靠的数据资源。另一方面，加强对学生的数学与编程能力培养，开设相关课程与培训项目，以提升他们的专业素养与实践能力。同时，教师们也需要不断更新自己的知识体系与教学方法，以更好地引导学生探索未知、勇于创新。

② 人才培养层面的困境。

A. 学生综合能力培养的不足：竞赛与实践活动对学生的综合能力提出了全方位、高标准的严苛要求。它不仅期待学生拥有创新思维，能在复杂多变的工程难题中开辟出崭新的解决路径；更渴求学生具备坚实可靠的工程实践能力，将脑海中的精妙设计转化为实实在在的工程杰作。高效的团队协作能力也必不可少，它是凝聚众人智慧、推动项目顺利前行的关键纽带。在传统教育的框架下，学生习惯了遵循固定的解题模式和思维定式，被大量的标准答案和既定规则所包围，逐渐失去了主动探索未知领域的勇气和突破传统思维的魄力。面对竞赛与实践活动中的开放性问题，他们往往感到无所适从，难以跳出既定的思维框架，提出具有创新性和前瞻性的解决方案。这种思维模式的固化，不仅限制了学生在竞赛中的表现，更可能对他们未来的职业发展产生深远影响，使他们在面对复杂多变的实际工程问题时，缺乏应对挑战的创造力和灵活性。

工程实践能力作为连接理论与实践的桥梁，在学生的能力体系中占据着举足轻重的地位。由于实践教学资源有限、教学方法单一等原因，学生对工程施工流程、设备操作等实际技能的掌握严重不足。学生虽然在课堂上学习了丰富的理论知识，但在将设计方案转化为实际成果的过程中，却常常感到力不从心。面对施工现场的复杂环境和实际操作的种种难题，他们缺乏应对的经验和能力，导致项目推进缓慢，甚至无法达到预期的效果。这种理论与实践的脱节，不仅影响了学生在竞赛与实践活动中的表现，也使得他们在未来的工程实践中难以迅速适应工作需求。

团队协作，作为竞赛与实践活动中不可或缺的一环，本应是凝聚力量、实现目标的有力保障。然而，在实际操作中，团队协作却常常暴露出诸多问题。沟通不畅如同隐藏在团队内部的暗礁，随时可能引发误解和冲突，导致信息传递不准确、工作衔接不顺畅。角色定位不明确则使得团队成员在项目中各自为政，缺乏明确的目标和方向，无法形成有效的合力。这些问题不仅严重影响了项目的推进效率，还可能破坏团队的凝聚力和战斗力，使原本充满希望的项目陷入困境。在竞赛与实践活动的激烈竞争中，团队协作能力的不足往往成为学生团队失利的重要原因，也制约了他们在未来职业生涯中的发展潜力。

面对这些严峻的现实问题，必须深刻反思教育模式和实践教学体系，采取切实有效的措施加以改进。只有打破应试教育的束缚，加强实践教学环节，培养学生的团队协作精神和沟通能力，才能让学生在竞赛与实践活动中充分展现自己的才华和潜力。

B. 教师指导资源与能力的制约：教师在各类学科竞赛与实践活动中所扮演的指导角色愈发凸显出不可替代性。当前教师在这一关键领域面临着诸多现实困境，其中指导资源不足与能力局限的问题尤为突出，亟待解决。

从时间和精力投入的角度来看，高校教师普遍承受着繁重的教学与科研双重任务。在教学方面，导师需要精心备课、认真授课，关注每一位学生的学习进展，及时解答学生的疑问，确保教学质量的稳步提升；在科研领域，又要紧跟学科前沿动态，开展课题研究，撰写学术论文，争取科研项目资助，以推动学科的发展和创新。如此繁重的工作负担，使得教师能够投入竞赛指导的时间和精力极为有限。在竞赛准备阶段，学生往往需要教师从选题策划、方案设计、实验操作到成果展示等各个环节进行全方位、全过程的细致指导。但教师由于时间和精力的限制，难以做到全程陪伴和深入指导，这无疑在一定程度上影响了学生竞赛项目的质量和竞赛成绩的提升。

教师自身能力结构的不完善也是制约竞赛指导效果的重要因素。部分教师长期专注于学术研究和课堂教学，缺乏实际的工程实践经验。在当今科技飞速发展、行业技术日新月异的时代背景下，这些教师对行业前沿技术的了解往往停留在理论层面，对实际工程问题的复杂性和多样性认识不足。当学生在竞赛中遇到涉及实际工程应用的技术难题或创新挑战时，教师由于缺乏相关实践经验，难以从实际工程的角度出发，为学生提供切实有效、具有可操作性的建议和解决方案。这不仅限制了学生竞赛项目的创新性和实用性，也不利于学生将所学知识与实际工程需求相结合，培养其解决实际问题的能力。此外，教师团队在竞赛指导与实践活动方面的激励机制不完善，也是导致教师积极性和主动性受挫的重要原因。目前，高校在教师绩效考核、职称评定等方面，往往更侧重于教学成果和科研业绩，对教师指导竞赛与实践活动的工作量和成果缺乏明确、合理的评价标准和充分的认可。教师在投入大量时间和精力指导学生参加竞赛和实践活动后，可能无法在绩效考核和职称晋升中获得相应的回报，这使得许多教师对参与竞赛指导工作缺乏足够的动力和热情。长此以往，不仅会影响教师参与竞赛指导工作的积极性和主动性，也不利于形成良好的竞赛指导氛围和人才培养生态。

C. 人才培养目标与行业需求的脱节：土木水利海洋工程领域作为国民经济的重要支柱，其技术发展更是日新月异，从先进的建筑材料研发到智能化的工程监测系统，从绿色环保的施工技术到跨学科的工程解决方案，每一个环节都在发生着深刻变革。这种快速的技术演进，使得该领域对人才的需求结构发生了翻天覆地的变化。如今，用人单位不再仅仅满足于学生具备扎实的专业基础知识，而是更加注重他们是否拥有创新能力、实践能力和跨学科素养。创新能力能够助力学生在面对复杂多变的工程难题时，提出新颖独特的解决方案；实践能力则确保学生可以将理论知识迅速转化为实际生产力，高效解决工程中的各种问题；跨学科素养则让学生能够整合不同领域的知识，从更宏观、更全面的视角去审视和解决工程问题，适应日益复杂的工程项目需求。

课程设置作为人才培养的基石，本应紧密贴合行业发展趋势，为学生提供与时俱进的知识体系。但现实情况却是，许多高校的课程设置仍然较为传统，教学内容更新缓慢，未能及时跟上行业发展的步伐。以智能建造和绿色可持续工程这两个新兴领域为例，它们代表着土木水利海洋工程领域未来的发展方向，蕴含着巨大的发展潜力和创新空间。但在高校的课程设置中，针对这两个领域的专门课程开设严重不足。学生无法在课堂上系统学习到智能建造中的数字化设计、自动化施工、物联网监测等前沿技术，也难以深入了解绿色可持续工程中的生态设计理念、节能减排技术、可再生能源利用等关键知识。这导致学生对行业前沿技术和发展趋势的了解仅停留在表面，甚至存在大量知识盲区。在竞赛与实践中，学生所接触到的项目往往经过了一定程度的简化和理想化处理，与真实工程场景存在一定程度的脱节。真实工程场景中，项目往往面临着复杂的地质条件、严格的环境要求、紧张的工期限制以及多方的利益协调等诸多实际问题。而学生在竞赛和实践中所经历的项目，由于资源、时间等方面的限制，无法完全还原这些复杂情况。这种实践教学与实际工程需求的脱节，使得学生在毕业后进入工作岗位时，往往需要花费大量的时间和精力去适应实际工程环境，难以快速上手并独立承担工作任务，这无疑增加了企业的培训成本，也影响了学生的职业发展。因此，高校必须加快人才培养体系的改革步伐，优化课程设置，加强实践教学环节与实际工程需求的对接，让学生在学习过程中能够紧密跟踪行业前沿技术，积累丰富的实践经验。

③ 资源与管理层面的难题

A. 资金与设备资源的短缺：确保竞赛活动得以顺利且高质量地开展，充足的资金与设备支持是不可或缺的基石。但现实情况却不容乐观，多数高校在资源供给方面面临着严峻的挑战，资源短缺问题犹如一道难以逾越的鸿沟，横亘在竞赛与实践活动蓬勃发展的道路上。

从资金层面来看，竞赛与实践活动的每一个环节都离不开资金的有力支撑。项目研发阶段，需要投入大量资金用于市场调研、方案设计以及前期的可行性分析，以确保项目的创新性和实用性。实验材料采购更是资金消耗的大头，为了获得准确可靠的实验数据，往往需要采购高质量、高精度的实验材料，这些材料价格不菲。然而，学校的经费来源相对单一且有限，通常需要兼顾教学、科研、师资队伍建设等多个方面，在分配资金时难免捉襟见肘。这就导致在面对众多竞赛与实践项目的资金需求时，学校难以做到面面俱到，无法满足所有项目的需求。以海洋工程模型试验为例，这是一项对资金投入要求极高的实践活动。在制作高精度的海洋平台模型时，需要采用特殊的材料和先进的加工工艺，以确保模型能够准确模拟真实海洋平台在复杂海洋环境下的受力情况和运动特性。从模型的设计、加工到调试，每一个步骤都需要耗费大量的资金。

除了资金短缺问题，设备资源的共享机制不完善也是制约竞赛与实践活动开展的重要因素。在高校中，不同学院、不同团队之间往往存在着各自为政的现象，设备资源的配置缺乏统一规划和有效整合。由于信息沟通不畅，各个团队在购置设备时缺乏对学校整体设备资源的了解，容易出现设备重复购置的情况。一些团队为了满足自身项目的需求，不惜花费大量资金购买了昂贵的设备，但在项目结束后，这些设备便被闲置在一旁，造成了资源的极大浪费。同时，其他团队可能正急需这些设备却无法获取，只能重新购置或者降低项目质量。这种设备重复购置与闲置浪费并存的局面，进一步加剧了学校设备资源的紧张状况，严重影响了竞赛与实践活动的开展效率和效果。

B. 组织管理与协调的复杂性：大型竞赛与实践活动往往规模宏大、参与主体多元，涉及校内多个部门、不同团队以及校外众多单位。从项目申报阶段，烦琐的流程让学生和指导教师如同置身于迷宫之中，耗费了大量的时间和精力。不同部门为了确保项目的质量和规范性，往往各自制定了一套申报要求和标准，这些标准在侧重点、格式规范、材料内容等方面存在差异。当学生面对多个部门的申报要求时，常常感到无所适从，不知道该如何准备材料才能同时满足各方要求。校内各部门之间、团队与团队之间、教师与学生之间，在项目进展情况的交流上存在明显的障碍。当项目出现问题或遇到困难时，各个团队往往首先考虑的是自身的利益和责任，而不是如何共同解决问题，导致问题在团队之间相互推诿，无人承担。此外，监督的力度和方式也难以把握，过于严格的监督可能会束缚学生的创新思维和自主性，而过于宽松的监督又可能导致项目质量无法得到保障。在评审阶段，不同的评审专家可能对项目的评价标准存在不同的理解和侧重点，这使得评审结果容易出现偏差。而且，评审过程往往缺乏透明度，学生和指导教师难以了解评审的具体依据和过程，容易对评审结果产生质疑。

C. 评价体系的不完善：当前的竞赛与实践活动评价体系在评价指标的设定上，存在着明显的失衡现象、过度聚焦于成果的创新性与实用性，却对学生项目过程中的学习成长、团队协作等关键方面的表现关注不足。一个具有创新性的项目能够展现出学生独特的思维方式和解决问题的能力，实用性则关乎项目能否真正落地，为社会创造实际价值。

竞赛与实践活动的评价结果大多仅用于确定项目的获奖等级，未能与学生的学业评价、就业推荐等有效挂钩，这使得评价结果的激励作用大打折扣，降低了学生参与竞赛与实践活动的积极性。在学业评价方面，竞赛与实践活动的参与经历和成果本应成为学生综合素质评价的重要组成部分。通过参与竞赛与实践活动，学生不仅能够提升自己的专业技能和实践能力，还能够培养创新思维、团队协作精神和社会责任感等综合素质。然而，由于评价结果未能与学业评价有效衔接，学生在这些活动中所付出的努力和取得的成绩无法在学业成绩中得到充分体现，导致学生对竞赛与实践活动的重视程度不够。

科学合理的评价体系对于竞赛与实践活动的健康发展至关重要。要解决当前评价体系存在的问题，需要从评价指标、评价方式和评价结果应用等多个方面入手，构建一个多元化、全过程、重激励的评价体系，充分发挥评价的导向和激励作用，为竞赛与实践活动的蓬勃发展提供有力保障，为学生的成长成才创造更加良好的环境。

面对这些复杂且多元的挑战，亟须我们采取系统性、针对性的策略加以应对。具体而言，我们应着重从以下几个方面着手：一是强化跨学科教育融合，打破传统学科壁垒，构建多学科交叉融合的教学体系，以培养学生的综合素养与跨学科思维能力，确保他们能够灵活应对复杂多变的工程实际问题；二是优化资源配置机制，加大对资金与设备资源的投入力度，提高资源利用效率，同时完善设备资源共享平台，促进资源的高效流通与合理配置，为竞赛与实践活动提供坚实的物质保障；三是完善评价体系构建，建立多元化、全过程、重激励的评价机制，不仅关注项目成果的创新性与实用性，更要重视学生在项目过程中的学习成长、团队协作等综合素质的提升，确保评价结果的全面性与公正性；四是推动高校与行业的深度合作，建立产学研用紧密结合的创新体系，通过校企合作、实习实训、联合培养等方式，让学生在实际工程环境中锻炼成长，共同培养适应行业发展需求的创新型人才，为土木水利海洋工程领域的持续发展注入新的活力与动力。

4.4 体育类学科竞赛

在高等教育深化改革与"五育并举"人才培养理念的背景下，体育学科竞赛作为实践育人的重要载体，对大学生综合能力的培养发挥着不可替代的作用。与传统课堂教学不同，体育竞赛以其独特的竞技性、实践性和团队协作要求，构建了一个动态的能力培养场域。通过参与体育竞赛，学生不仅能够强化身体素质、提升运动技能，更能在复杂的竞赛情境中锻炼心理素质、创新思维与社会适应能力。在当前高等教育改革持续深化以及社会对创新型、复合型人才需求日益增长的背景下，创新创业教育已成为高校人才培养体系的重要组成部分。体育学科领域的创新创业类竞赛作为实践育人的独特路径，正逐渐崭露头角，展现出巨大的教育价值与社会意义。这类竞赛有别于传统体育竞技赛事，它聚焦于体育产业的创新发展与创业实践，鼓励大学生将体育专业知识与创新思维、创业技能相结合，在竞赛中探索体育领域的新商业模式、新技术应用以及新服务形态。

参与体育学科创新创业类竞赛，大学生能够在模拟商业环境中，面对真实的市场需求和竞争挑战，锻炼创新能力、创业能力以及团队协作能力等综合素质。通过竞赛实践，学生不仅能加深对体育产业运作规律的理解，更有机会将自己的创新想法转化为实际项目，为未来投身体育产业创新创业奠定坚实基础。体育学科创新创业类竞赛的蓬勃发展，也为推动体育产业的创新升级、促进体育与其他领域的深度融合注入了新的活力，对实现"健康中国"战略目标具有重要的支撑作用。深入探究体育学科创新创业类竞赛的特点、组织模式、对大学生能力培养的影响以及实践经验总结，对于完善高校体育创新创业教育体系、提升人才培养质量具有深远的理论与实践价值。体育产业创新创业竞赛主要聚焦于体育经济、体育营销、赛事运营、体育俱乐部管理等方向，旨在培养学生对体育市场的洞察力和商业模式创新能力。常见的竞赛包括"全国大学生体育产业创新创业大赛""中国大学生创业计划竞赛（体育专项组）"等。此类竞赛通常要求参赛者提交完整的商业计划书，内容涵盖市场分析、盈利模式、风险评估及财务规划等方面。

在比赛形式上，体育产业创新创业竞赛一般采用"初赛＋复赛＋决赛"的三级选拔机制，参赛团队需经历项目申报、方案优化、现场路演等多个阶段。例如，在"全国大学生体育产业创新创业大赛"中，参赛者需要围绕某一具体的体育产业问题提出创新解决方案，并通过 PPT 演示、视频展示或模拟经营等方式向评委展示其商业模式的可行性。此类竞赛的特点在于强调市场导向和实践应用。参赛者不仅需要掌握体育产业的基本知识，还需具备一定的经济学、管理学和市场营销能力。通过竞赛训练，学生能够提高商业策划能力、数据分析能力和团队协作能力，为其未来在体育产业领域就业或创业奠定基础。

4.4.1 "体育＋"创新创业大赛

"体育＋"创新创业大赛的兴起与体育产业的快速发展以及国家对创新创业教育的高度重视密切相关。早期，部分高校和体育机构开始尝试举办小规模的体育创业竞赛，旨在激发学生对体育产业的兴趣，培养初步的创业意识。随着体育产业市场规模的不断扩大，社会对体育创新项目的需求日益增长，加之国家出台一系列鼓励创新创业的政策，"体育＋"创新创业大赛逐渐从校园走向社会，规模不断扩大，影响力持续提升。国内已形成了多层次、多类型的"体育＋"创新创业大赛体系。从国家级赛事如中国大学生"互联网＋"体育创新创业大赛，到省级赛事如浙江省大学生体育产业创新创业大赛、山东省体育创新创业大赛等，再到各高校、体育协会以及企业举办的校级或行业赛事，覆盖范围广泛，吸引了大量大学生、体育从业者以及相关企业的参与。这些大赛在项目数量、质量、参赛人数等方面均呈现逐年上升趋势，成为体育产业创新发展的重要驱动力。2024年，仅山东省体育创新创业大赛报名项目就460余项，涵盖了体育制造、体育服务等多个领域，充分展现了体育创新创业的活力与潜力。

（1）大赛的组织架构与合作模式

"体育＋"创新创业大赛的组织架构通常由政府部门、高校、体育行业协会、企业以及投资机构等多元主体构成。政府部门在大赛中发挥着政策引导、资源协调和宏观管理的重要作用。例如，国家体育总局、教育部等部门通过出台相关政策，鼓励举办各类体育创新创业大赛，并为大赛提供资金支持、场地保障等资源。地方政府部门也积极参与，如山东省体育局、教育厅、共青团山东省委共同主办山东省体育创新创业大赛，旨在推动当地体育产业创新发展，培养创新创业人才。

在大赛运行过程中，各组织主体之间形成了紧密的协同合作模式。政府部门、高校、体育行业协会、企业和投资机构通过签订合作协议、建立联合工作机制等方式，明确各自的职责和分工，共同推动大赛的顺利开展。政府部门负责制定大赛的总体政策和规划，协调各方资源，为大赛提供政策支持和资金保障。高校主要负责学生的组织动员、项目培育和校内选拔工作，将优秀项目推荐至大赛组委会。体育行业协会协助组委会制定竞赛规则、评审标准，邀请行业专家参与评审，并为参赛项目提供行业咨询和指导。企业通过赞助大赛、提供技术支持和实践基地等方式，深度参与大赛的组织和项目培育过程。投资机构则在项目筛选、投资对接等环节发挥重要作用，为有潜力的项目提供资金支持和商业指导。

（2）竞赛流程与评审机制

"体育＋"创新创业大赛的竞赛流程一般包括报名启动、项目提交、初赛筛选、复赛评审、决赛答辩以及颁奖表彰等环节。

在报名启动阶段，大赛组委会通过官方网站、社交媒体、高校宣传、行业渠道等多种途径发布大赛通知，明确大赛的主题、参赛对象、报名时间、竞赛规则以及奖项设置等信息，广泛吸引参赛者报名。某大赛在官方网站发布通知后，还通过微信公众号、微博等社交媒体平台进行推广，同时在全国200余所高校举办宣讲会，吸引了来自全国各地的500多个项目报名参赛。参赛项目提交阶段，参赛者需按照大赛要求，在规定时间内提交详细的项目申报材料，包括项目计划书、商业运营方案、产品设计文档、市场调研报告等。项目计划书应涵盖项目的创新点、市场分析、商业模式、团队介绍、财务规划等核心内容；商业运营方案需阐述项目的运营策略、营销策略、风险评估与应对措施等；产品设计文档要详细说明产品或服务的功能、设计原理、技术实现等；市场调研报告则需对目标市场的需求、竞争态势、发展趋势等进行深入分析。初赛筛选环节，大赛评审委员会对提交的项目申报材料进行初步评审。评审专家主要依据项目的创新性、可行性、市场前景、团队能力等指标，对项目进行打分和排序，筛选出一定比例的优秀项目进入复赛。复赛评审一般采用现场展示和答辩的形式。进入复赛的项目团队需在规定时间内，通过PPT演示、产品实物展示、现场操作等方式，向评审专家和观众详细介绍项目情况，并回答专家的提问。评审专家根据项目团队的展示效果、项目的实际情况以及答辩表现，进一步评选出进入决赛的项目。在复赛过程中，评审专家不仅关注项目的创意和技术，还注重项目的市场可行性和商业价值，以及团队的执行能力和应变能力。进入决赛的项目团队在复赛的基础上，对项目进行进一步优化和完善，以更加精彩的展示和答辩争夺奖项。决赛现场通常会邀请更多的行业专家、企业代表、投资机构负责人等作为评委，评委从多个维度对项目进行综合评价，评选出一、二、三等奖及优秀奖等各个奖项。

为确保大赛的公平公正，"体育＋"创新创业大赛建立了科学合理的评审机制。评审机制主要包括评审标准的制定、评审专家的选择以及评审流程的规范。评审标准是评审机制的核心，一般涵盖项目的创新性、可行性、市场前景、团队能力、社会价值等多个方面。创新性方面，主要考察项目在理念、技术、产品、服务或商业模式等方面的创新程度，是否具有独特性和领先性；可行性包括技术可行性、经济可行性、运营管理可行性等，评估项目在现有条件下能否顺利实施；市场前景关注项目的市场需求规模、市场竞争优势、市场增长潜力以及商业盈利模式的可持续性；团队能力考察团队成员的专业背景、创新能力、团队协作精神、项目管理能力以及执行能力等；社会价值则衡量项目对社会发展、文化传承、环境保护、公益事业等方面的积极影响。

评审专家的选择直接影响评审结果的质量。大赛通常会邀请来自高校、科研机构、体育企业、投资机构、行业协会等不同领域的专家组成评审委员会。高校和科研机构的专家具有深厚的学术造诣和专业知识，能够从技术和理论层面为项目提供专业评价；体育企业的专家具有丰富的行业实践经验，熟悉市场需求和行业发展趋势，能够对项目的市场可行性和商业价值进行准确判断；投资机构的专家具备敏锐的商业洞察力和投资经验，能够从投资角度评估项目的潜力和风险；行业协会的专家则在行业规范、政策解读等方面具有优势，能够为项目提供宏观指导。在评审过程中，严格遵循匿名评审、独立打分、集体讨论等原则。匿名评审即隐去参赛项目团队的信息，避免评审专家因个人因素影响评审结果；独立打分要求每位评审专家根据自己的专业判断独立对项目进行打分，不受其他专家意见的干扰；集体讨论环节，评审专家对打分结果进行汇总和分析，对存在争议的项目进行集体讨论，最终确定评审结果。此外，大赛组委会还设立了监督委员会，对评审过程进行全程监督，确保评审工作的公平、公正、公开。

（3）实践案例——"VR 领航，越野新程"智能越野训练系统

① 项目背景。

A. 越野运动现状与痛点：越野运动作为一项充满挑战与激情的户外体育活动，近年来受到越来越多运动爱好者的青睐。它不仅能让参与者在自然环境中锻炼体魄，还能培养坚韧不拔的意志品质和团队协作精神。然而，传统的越野运动存在诸多痛点（图 4-18）。

图 4-18　传统越野运动

从训练角度来看，越野场地往往受限于地理环境和天气条件。许多越野爱好者难以找到合适的训练场地，尤其是在城市地区，缺乏多样化的地形和复杂的环境来模拟真实的越野场景。而且，恶劣的天气如暴雨、暴雪、高温等，会严重影响训练计划的执行，甚至可能对参与者的安全造成威胁。

在赛事组织方面，传统越野赛事的筹备需要耗费大量的人力、物力和时间。从赛道的规划、标记到安全保障措施的落实，每一个环节都需要精心安排。同时，赛事的宣传和推广也面临一定的困难，难以吸引到更广泛的参与者和观众。

B. VR 技术的发展与应用：随着科技的飞速发展，虚拟现实（VR）技术逐渐成熟并在多个领域得到广泛应用。VR 技术能够通过创建逼真的虚拟环境，让用户身临其境地体验各种场景，为用户带来沉浸式的感受。在体育领域，VR 技术已经开始崭露头角，为体育训练和赛事体验带来了新的可能性。

一些体育项目已经开始尝试利用 VR 技术进行训练，如足球、篮球等。通过 VR 设备，运动员可以在虚拟场景中进行模拟比赛，提高战术意识和反应能力。此外，VR 技术还可以用于体育赛事的直播和转播，让观众以全新的视角观看比赛，增强观赛体验。

C. 项目机遇与市场需求：结合越野运动的痛点和 VR 技术的发展趋势，"VR 领航，越野新程"项目应运而生。该项目旨在利用 VR 技术打造一个创新的越野训练和赛事体验平台，满足越野爱好者和赛事组织者的需求。从市场需求来看，随着人们生活水平的提高和健康意识的增强，越来越多的人开始关注户外运动，尤其是越野运动。同时，科技爱好者也对新颖的体育体验方式充满兴趣。因此，一个将越野运动与 VR 技术相结合的项目具有广阔的市场前景。

② 项目特色和创新点。

项目组为打造极致逼真且功能完备的越野虚拟体验，展开了全面且深入的数据收集与分析工作。他们采用实地考察与无人机航拍相结合的多元化方式，不辞辛劳地穿梭于崇山峻岭、广袤沙漠、茂密森林以及蜿蜒河流等各类自然环境之中，积累了海量丰富且极具价值的越野地形数据。这些数据犹如构建虚拟越野世界的基石，为后续的场景搭建提供了坚实的基础。

项目团队借助先进的地理信息系统（GIS）技术，对这些海量地形数据展开了细致入微的分析。通过复杂的算法和专业的模型处理，成功生成了包含多维度信息的高精度数字地图。这张地图不仅精准地呈现了地形的起伏变化、地貌特征，还融合了气候、植被等多种环境信息。不仅如此，项目团队深知数据的时效性和全面性对于虚拟场景构建的重要性。因此，他们积极与多家业内知名的在线地图服务提供商建立起了紧密且稳固的合作关系。借助这些合作伙伴强大的数据资源和技术支持，项目能够及时获取到最新、最全面的全球地形数据。这使得虚拟场景能够随着现实世界的变化而不断更新和完善，始终为用户带来如同亲临户外般的真实体验，让每一次虚拟越野都仿佛置身于真实的自然环境之中。

在智能系统开发方面，项目团队基于前沿的增强现实（AR）技术，精心打造了一套智能化的越野路线规划与导航系统。该系统犹如一位经验丰富的越野向导，能够根据用户设定的起点、终点以及实时环境信息，自动推荐出最优的行驶路线。在用户越野过程中，系统会实时显示清晰准确的导航信息，无论是转弯提示、距离目标点的距离，还是前方路况预警，都能以直观易懂的方式呈现给用户，引导用户准确无误地抵达目的地。

为了进一步优化用户的越野体验和训练效果，项目团队还为系统配备了多种先进的环境感知传感器。高精度的 GPS 定位系统能够实时、精准地确定用户的位置，确保用户在虚拟越野过程中不会迷失方向；惯性测量单元（IMU）则可以敏锐地感知用户的运动状态和姿态变化，为系统提供更加细致的运动数据；心率监测器则时刻关注着用户的身体状况，当用户心率出现异常波动时，能够及时发出提醒。这些传感器收集到的数据不仅有助于用户实时了解自己的训练状态，还能为后续的训练评估和个性化训练方案的制定提供科学、可靠的依据。

系统中嵌入了智能安全预警模块。该模块就像一位忠诚的守护者，时刻监测着用户所处的地形和环境状况。一旦检测到用户处于危险地形，如陡峭的悬崖边缘、易发生塌方的区域，或者面临突发情况，如突发的恶劣天气、野生动物出没等，系统会立即发出警报，并通过清晰的声音提示和醒目的视觉标识，告知用户危险的具体情况。同时，系统还会根据不同的危险类型，提供相应的应急处理建议，帮助用户迅速做出正确的应对措施，确保用户的安全。为了增加越野的趣味性和社交性，系统还支持多人在线竞技模式。用户可以邀请自己的好友一同参与越野比赛，在虚拟的世界中展开激烈的角逐，共同挑战极限；也可以选择随机匹配对手，与来自不同地区、不同背景的越野爱好者一决高下。这种多人在线竞技的模式不仅为用户带来了更加刺激和富有挑战性的越野体验，还能让用户在竞技过程中结识更多志同道合的朋友，拓展自己的社交圈子。

项目组通过实地考察和无人机航拍等方式积累大量越野地形数据，涵盖多种自然环境，经过详细的地理信息系统（GIS）分析，生成多维度信息的高精度数字地图。项目团队还与多家在线地图服务提供商建立了合作关系，能够及时获取最新的全球地形数据，为虚拟场景的构建提供持续的数据支持，使人有身临其境的户外体验。基于 AR 技术开发智能化的越野路线规划与导航系统，自动推荐最优行驶路线，实时显示导航信息引导用户准确无误地到达目的地。项目具备高精度 GPS 定位系统、惯性测量单元（IMU）、心率监测器等多种环境感知传感器，帮助用户优化训练效果，为后续训练评估和个性化训练的制定提供依据。项目嵌入了智能安全预警模块，检测到用户处于危险地形或面临突发情况时，系统立即发出警报并提供相应的应急处理建议。系统支持多人在线竞技模式，用户可以邀请好友或随机匹配对手参与越野比赛。

项目利用先进的 3D 建模技术和图形渲染算法，创建出各种复杂的地形和自然景观，如山地、沙漠、森林、河流等，让用户仿佛置身于真实的越野场景中（图4-19）。同时，项目模拟不同天气条件下的环境变化，如风雨、雷电、昼夜交替等，增加训练和体验的真实感和挑战性。根据用户的身体状况、运动能力和训练目标，项目为用户量身定制个性化的越野训练方案。系统会实时监测用户的运动数据，如心率、速度、距离等，并根据数据反馈调整训练强度和内容，提高训练效果。系统支持多人同时在线进行越野训练和赛事体验，用户可以与好友或其他越野爱好者组队，共同挑战虚拟赛道。在互动过程中，用户可以进行实时语音交流和团队协作，增强社交性和趣味性。除了线上 VR 越野赛事，项目还将与线下实际越野赛事相结合，打造线上线下融合的赛事模式。用户可以通过 VR 平台进行线上预选赛，获得线下赛事的参赛资格，或者在线下赛事中使用 VR 设备进行辅助训练和战术分析。

图 4-19　VR 效果图

③ 项目目标。

短期目标：在一年内完成 VR 越野训练系统的开发和初步测试，与部分越野俱乐部和培训机构建立合作关系，开展小规模的市场推广活动，吸引至少 1000 名注册用户。

中期目标：在两到三年内，优化系统功能，增加赛事体验模块，举办线上 VR 越野赛事，与更多的体育赛事组织者合作，将用户规模扩大到 5000 人以上，树立良好的品牌形象。

长期目标：在五到十年内，成为国内领先的 VR 体育平台，拓展国际市场，推动越野运动与 VR 技术的深度融合，为全球越野爱好者提供优质的服务。

④ 未来展望。

"VR 领航，越野新程"项目犹如一颗璀璨的新星，在体育科技领域闪耀着无限光芒，展现出极为广阔的发展前景与不可估量的市场潜力。展望未来，项目团队将坚定不移地秉持创新、专业、服务的核心理念，如同技艺精湛的工匠，持续雕琢产品与服务，全力推动越野运动与 VR 技术实现深度交融，为越野运动领域带来一场前所未有的变革。

在产品打造上，项目团队将不遗余力地加大技术研发的投入力度。这就好比为赛车注入更强劲的引擎，团队将致力于提升 VR 越野训练系统和赛事体验平台的性能与功能。一方面，产品会不断拓展训练场景的边界，从广袤无垠的沙漠到神秘幽深的丛林，从白雪皑皑的高山到蜿蜒曲折的峡谷，为用户打造一个又一个身临其境的虚拟越野世界，让每一次训练都成为一场充满挑战与惊喜的冒险。另一方面，产品将丰富赛事模式的种类，推出个人竞技赛、团队接力赛、极限挑战赛等多种形式，满足不同用户的竞技需求和兴趣偏好。此外，产品还会强化社交互动功能，让用户能够在虚拟世界中结识志同道合的伙伴，组建自己的越野战队，分享训练心得和比赛经验，共同追求越野的极致乐趣。通过这些努力，产品为用户带来更加丰富多元、优质卓越的越野体验，让用户仿佛置身于真实的越野赛场，感受速度与激情的碰撞。

在市场拓展方面，项目团队将制定全面而精准的市场战略，以国内市场为根基，积极开拓国际市场，如同展翅高飞的雄鹰，在全球体育科技的天空中翱翔。在国内，团队将凭借卓越的产品品质和优质的服务，深入了解用户需求，不断优化市场布局，提升品牌知名度和美誉度，努力在国内市场占据领先地位。同时，团队将目光投向国际市场，积极参加各类国际体育科技展会和行业交流活动，与全球顶尖的体育科技企业和机构建立合作关系，学习借鉴先进的技术和经验，将中国的 VR 越野运动项目推向世界舞台。通过线上线下相结合的营销方式，产品针对不同国家和地区的市场特点，制定个性化的推广策略，让全球越野爱好者都能领略到"VR 领航，越野新程"项目的独特魅力。

在社会影响层面，项目团队怀揣着推动越野运动普及和体育产业发展的宏伟愿景。希望通过项目的广泛推广和深入普及，就像播撒希望的种子，让更多的人了解和喜爱上越野运动。通过 VR 技术的独特魅力，降低越野运动的参与门槛，让那些因时间、地点、身体条件等因素限制而无法亲身参与越野运动的人，也能在虚拟世界中尽情体验越野的乐趣，从而提高人们的身体素质和健康水平，倡导一种积极健康的生活方式。项目团队深知自身肩负的责任和使命，将积极推动体育产业的创新发展。通过与体育赛事组织者、体育培训机构、体育用品制造商等产业链上下游企业的深度合作，项目整合各方资源，共同探索体育产业的新模式、新业态，为体育产业的转型升级注入新的活力和动力，助力体育产业迈向更加辉煌的未来。

总之，"VR 领航，越野新程"项目将以 VR 技术为强大引擎，引领越野运动开启全新的征程。它不仅为越野爱好者带来了前所未有的体验和机遇，也为体育产业的发展开辟了新的道路。相信在项目团队的不懈努力下，"VR 领航，越野新程"项目必将成为体育科技领域的经典之作，为越野运动和体育产业书写新的辉煌篇章。

4.4.2　体育文化与运动健康创新创业大赛

随着全民健身战略的深入推进和"健康中国 2030"规划纲要的实施，体育文化与运动健康已成为高校教育体系中的重要组成部分。在此背景下，体育文化与运动健康领域的创新创业竞赛应运而生，成为推动大学生创新意识、实践能力和社会责任感提升的重要载体。这类竞赛不仅为学生提供了将专业知识转化为实际成果的机会，也促进了体育学科与其他相关学科的深度融合，助力高校创新创业人才培养模式的优化。体育文化与运动健康类创新创业大赛主要围绕体育文化传播、健康管理服务、智能运动装备、全民健身推广等方向展开，旨在鼓励大学生结合体育产业发展趋势，探索具有社会价值和市场潜力的创新项目。通过参与此类竞赛，学生能够在真实商业环境中锻炼其市场分析、产品设计、团队协作及资源整合等能力，同时增强对社会责任与公共健康的关注。

（1）赛事介绍

体育文化传播与创意设计竞赛主要聚焦于体育文化的传承与创新，涵盖体育品牌策划、体育影视创作、体育广告设计、体育博物馆建设、体育历史研究等多个方向。常见的竞赛包括"全国大学生体育文化创意大赛""体育微电影创作大赛""体育品牌形象设计挑战赛"等。此类竞赛通常要求参赛者提交完整的创意方案或作品，如短视频、动画短片、品牌 LOGO 设计、文创产品开发等，并结合体育文化元素进行创意表达。

在比赛形式上，体育文化传播类竞赛一般采用"初赛＋复赛＋决赛"的三级选拔机制，参赛团队需经历创意提案、内容制作、展示答辩等多个阶段。在"全国大学生体育文化创意大赛"中，参赛者需要围绕某一具体的体育文化主题（如奥运精神、民族传统体育、校园体育文化等）提出创新性传播方案，并通过视频剪辑、平面设计、社交媒体运营等方式进行呈现。此类竞赛的特点在于强调文化传承与现代科技的融合。参赛者不仅需要掌握体育文化知识，还需具备一定的艺术设计、数字媒体技术、市场营销等跨学科能力。通过竞赛训练，学生能够提升内容创作能力、视觉传达能力以及品牌营销能力，为其在体育传媒、广告创意、新媒体运营等行业的发展创造竞争优势。

（2）实践案例——运动能量收集与储存系统：体育科技与绿色能源的跨界创新实践

在体育活动中，人体运动会产生大量的机械能，如跑步、跳跃、行走等动作。然而，这些能量通常被白白浪费。与此同时，随着智能穿戴设备、户外运动电子设备等的普及，对便携、可持续供电的需求日益增长。传统电池供电方式存在续航有限、需要频繁更换或充电等问题，限制了这些设备在长时间户外运动场景中的应用。因此，开发一种能够收集和储存人体运动能量的系统具有重要的现实意义和市场潜力。

① 项目目标。

本项目旨在设计并开发一套高效的运动能量收集与储存系统，通过收集人体在运动过程中产生的机械能，并将其转化为电能进行储存，为智能穿戴设备、运动监测设备等提供持续、稳定的电力支持，推动体育科技的发展和创新。

② 项目团队与指导。

项目团队由来自大连海洋大学应用物理专业的本科生组成。尽管专业背景相对单一，但团队成员凭借扎实的物理基础知识，充分发挥专业优势，通过分工协作共同推进项目。部分成员专注于能量收集装置的设计。他们深入研究人体运动力学和物理原理，分析不同运动状态下人体产生的机械能特征，运用物理建模和仿真技术，设计出能够高效收集人体运动机械能的装置结构（图4-20）。例如，通过优化装置的形状、尺寸和材料分布，提高其对机械能的捕捉效率。另一部分成员负责能量转换电路和储能系统的设计与开发。他们掌握着电磁学、电路原理等专业知识，能够巧妙地将收集到的机械能转化为电能，并通过设计合理的电路实现电能的稳定储存和输出。在这个过程中，他们需要考虑电路的效率、稳定性和抗干扰能力等因素，确保系统能够可靠运行。还有成员致力于寻找和开发适合能量收集和储存的新

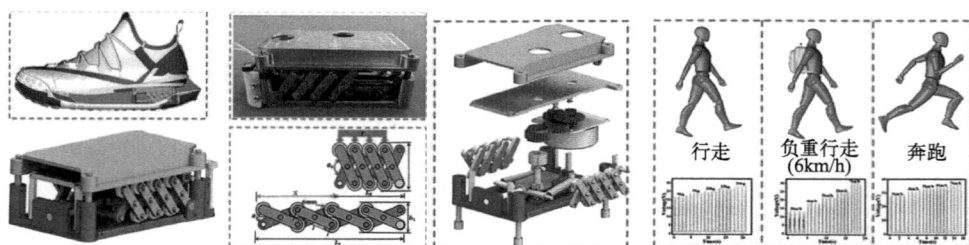

图4-20 适合穿戴的产品

型材料。他们研究不同材料的物理和化学性质，探索材料在能量收集和储存过程中的性能表现，通过实验和数据分析，筛选出具有高能量转换效率和良好储能性能的材料，并对其进行优化和改进，以提高整个系统的性能和效率。

项目由两位在体育和物理专业领域经验丰富的导师指导。其中一位导师长期从事体育科学和物理学的交叉研究，对体育活动中人体运动的力学特征和能量产生机制有深入的了解。他能够结合体育实际需求，为项目团队提供关于人体运动能量收集的思路和方向，指导团队成员如何将物理原理应用于体育场景中的能量收集装置设计，确保项目的研究成果具有实际应用价值。另一位导师专注于物理技术在能源领域的应用，在能量转换与储存技术方面有着深厚的造诣。他能够为团队成员提供专业的技术指导，帮助他们解决能量转换电路设计、储能系统优化等关键技术问题。

③ 项目实施。

A. 市场调研与技术分析：项目初期，团队成员在导师的指导下，对运动能量收集与储存领域的市场现状和技术发展趋势进行了全面深入的调研。他们查阅了大量的国内外文献资料，参加了相关的学术会议和行业研讨会，了解到目前市场上已有的能量收集技术主要包括压电式、电磁式和摩擦式等，每种技术都有其独特的原理、优缺点和适用场景。同时，团队对储能技术如锂电池、超级电容器等的发展情况也进行了详细分析，为项目的系统设计提供了坚实的理论基础和实践参考。

能量收集装置设计：基于调研结果和导师的建议，团队决定采用压电式和电磁式相结合的能量收集方式。压电式能量收集装置利用压电材料的正压电效应，将人体运动产生的机械振动转化为电能；电磁式能量收集装置则通过电磁感应原理，将人体运动引起的磁铁与线圈之间的相对运动转化为电能（图4-21）。团队成员通过物理建模和仿真分析，对两种能量收集装置的结构进行了优化设计，使其能够更好

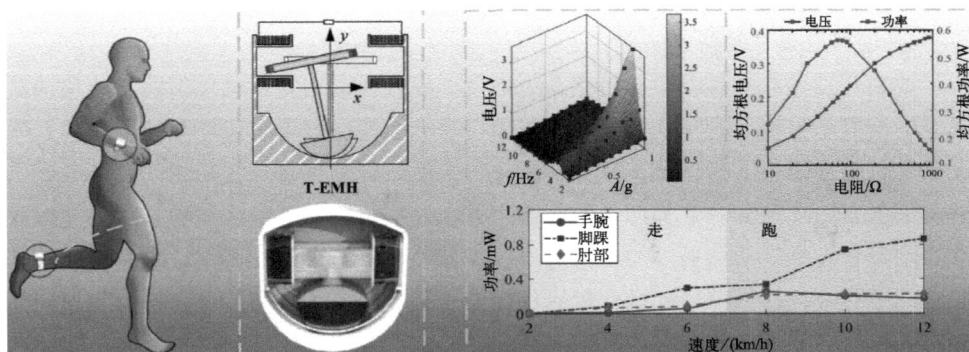

图4-21 穿戴式滚筒启发的电磁能量收集器

地适应人体运动的特点，提高能量收集的效率和稳定性。

能量转换与储存系统设计：收集到的交流电需要经过整流、滤波等电路处理后，才能储存到储能装置中。团队设计了一套高效的能量转换电路，运用电子电路设计软件进行模拟和优化，确保交流电能够高效地转换为直流电，并通过稳压电路保证输出电压的稳定。同时，团队选择了锂电池和超级电容器相结合的储能方案，充分发挥锂电池能量密度高和超级电容器充放电速度快、循环寿命长的优势，通过合理的电路设计实现两者的协同工作，满足不同运动场景下设备的用电需求。

系统集成与优化：将能量收集装置、能量转换电路和储能系统进行集成，设计了一个紧凑、轻便的模块化结构。在集成过程中，团队成员充分考虑了各部分之间的电磁兼容性和热管理问题，通过优化布局和添加散热装置等措施，确保系统的整体性能达到最佳。同时，利用物理实验方法对集成后的系统进行测试和调试，根据测试结果对系统进行优化和改进。

B. 原型制作与测试：根据设计方案，团队成员利用实验室的设备和材料，精心制作了运动能量收集与储存系统的原型。在制作过程中，他们严格按照设计要求进行零部件的加工和装配，对每一个环节都进行了严格的质量把控，确保原型的可靠性和稳定性。

对原型进行了全面的性能测试，包括能量收集效率测试、储能性能测试、系统稳定性测试等。在能量收集效率测试中，团队成员邀请了不同年龄、性别和运动水平的志愿者进行模拟运动，通过专业的测试设备测量系统收集到的电能，并与理论值进行对比分析。在储能性能测试中，检测锂电池和超级电容器的充放电性能和循环寿命，评估储能系统的可靠性和耐久性。在系统稳定性测试中，长时间运行系统，观察其是否出现故障或性能下降的情况，并对系统进行抗干扰测试，确保其在复杂的运动环境中能够稳定工作。根据测试结果，团队成员对系统进行了针对性的优化和改进。

④ 项目成果与创新点。

成功开发运动能量收集与储存系统原型：经过多次实验和优化，团队成功开发出了一套高效、稳定的运动能量收集与储存系统原型。该系统能够有效地收集人体在运动过程中产生的机械能，并将其转化为电能进行储存，为智能运动设备等提供了可靠的电力支持。在参加的创新创业大赛中，项目获得了多项奖项，得到了行业专家和投资者的广泛认可，为项目的进一步发展奠定了良好的基础。项目与运动鞋企业的合作意向，为项目的产业化应用提供了契机，有望推动运动能量收集与储存技术在市场上的推广和应用，为体育产业的发展注入新的活力。

采用压电式和电磁式相结合的能量收集方式：与传统的单一能量收集方式相

比，这种组合方式能够充分利用不同能量收集技术的优势，提高能量收集的效率和稳定性，适应不同类型的人体运动，为智能运动设备提供更充足的电力。

锂电池和超级电容器相结合的储能方案：通过合理的电路设计，项目实现了锂电池和超级电容器的优势互补，既保证了系统的能量密度，又提高了系统的充放电速度和循环寿命，满足了智能运动设备在不同运动场景下的用电需求。团队成员运用扎实的物理知识，从人体运动力学、电磁学、材料科学等多个角度对系统进行优化设计，提高了系统的性能和效率，使项目具有较高的科学性和创新性。

4.4.3　智慧体育大学生创新创业大赛

在国家战略层面，《"十四五"体育发展规划》高瞻远瞩地明确提出"实施体育产业数字化战略"，智慧体育作为体育产业与现代科技深度融合的产物，被列为重点发展领域，这为体育产业的创新发展指明了方向，也凸显了智慧体育在体育强国建设中的重要地位。在教育改革的浪潮中，国务院办公厅发布的《国务院办公厅关于深化高等学校创新创业教育改革的实施意见》犹如一座灯塔，为高校创新创业教育改革照亮了前行道路。该意见着重强调"将创新创业教育融入人才培养全过程"，而体育创新创业类大赛凭借其独特的实践性和创新性，成为实践育人的重要平台。它不仅能够培养学生的创新思维和实践能力，还能让学生在真实的竞赛环境中锻炼团队协作、沟通表达等综合素质，为学生的未来发展奠定坚实基础。

在理论价值方面，本部分致力于构建"体育＋科技＋创业"的跨学科理论框架。这一框架将打破传统学科之间的壁垒，促进体育学、科技学、创业学等多学科的交叉融合，为体育教育与创新创业教育的交叉研究提供新的视角和思路，丰富和完善相关领域的理论体系，推动学科发展的创新与进步。从实践价值来讲，对赛事案例进行深入细致的分析，能够提炼出可复制的竞赛组织模式与人才培养路径。这些宝贵的经验和模式将为高校创新创业教育改革提供有力的实践参考，帮助高校优化课程设置、改进教学方法、完善竞赛组织机制，从而提升创新创业教育的质量和效果，培养出更多适应社会发展需求的创新型人才。在社会价值层面，本部分成果将有力地推动智慧体育技术转化与产业升级。通过促进高校科研成果与体育产业的深度对接，加速智慧体育技术的商业化应用，能够催生更多具有创新性和竞争力的体育产品和服务。研究也将促进体育消费新场景的开发，满足消费者日益多样化的体育消费需求，为体育产业的可持续发展注入新的动力，推动体育产业向更高层次、更广领域迈进。

智慧体育大学生创新创业大赛是指以智慧体育为核心主题，鼓励大学生利用大数据、人工智能、物联网等前沿技术，探索体育领域的创新应用与商业模式的竞赛活动。其核心目标在于激发学生的创新意识，提升其实践操作能力和社会责任感，同时促进体育与其他学科的交叉融合，为社会经济发展贡献力量。

（1）创新创业类竞赛对能力培养的启示

体育创新创业类竞赛将激发学生的创新思维、培育其发现问题与解决问题的能力视为核心目标之一。大量研究表明，相较于未参与此类竞赛的学生，投身其中的学生在创造性思维、批判性思维以及概念化能力方面展现出了显著优势。

在竞赛的进程中，学生需聚焦体育产业、运动科技、健康管理等领域的现实难题，凭借自身的智慧与创造力，提出别具一格的创新性解决方案。不少竞赛还大力倡导跨界创新，鼓励学生突破学科界限，将体育与人工智能、大数据、区块链等其他学科深度融合，积极探索全新的应用场景。例如，利用人工智能技术为运动员提供个性化的训练指导，借助大数据分析精准把握体育市场的消费趋势，运用区块链技术保障体育赛事数据的真实性与安全性等。这种跨界融合不仅拓宽了学生的视野，更为体育行业的创新发展注入了新的活力。

体育创新创业竞赛尤为注重理论与实践的紧密结合，为学生搭建了一个在真实商业环境中检验和完善自身想法的优质平台。参与竞赛的学生在动手能力、产品开发能力以及项目执行能力等方面均取得了显著提升。从市场调研的精准分析到产品设计的巧妙构思，从原型开发的反复打磨到最终展示的精彩呈现，学生需要亲身体验并完成这一完整流程。许多竞赛还要求学生深入实地开展调研，与目标用户进行面对面访谈，以确保项目能够紧密贴合市场需求，真正解决实际问题。

此类竞赛通常以团队形式展开，这对成员之间的密切配合与明确分工提出了严格要求。团队竞赛环境宛如一个微型社会，能够全方位提升学生的沟通协调能力、责任意识以及集体荣誉感。团队成员往往来自不同的专业背景，如体育管理、计算机科学、市场营销等，这种多元化的专业组合为项目带来了丰富的视角和多样的解决方案。在有限的时间内，他们需要协同完成市场调研、产品设计、财务规划等多项任务，这对团队的组织能力和执行力构成了巨大挑战。在竞赛过程中，意见分歧和冲突在所难免，这就要求团队成员具备良好的沟通技巧和情绪管理能力，学会倾听他人的观点，尊重不同的意见，在冲突中寻求共识。通过这种高强度的团队合作训练，学生在面对各种挑战时能够保持冷静，有效提升团队领导力和人际交往能力，为未来的职业发展奠定坚实的基础。

体育创新创业竞赛要求参赛者对体育行业的市场动态和发展趋势有深入的了解和精准的把握，从而制定出切实可行的商业计划。经常参与此类竞赛的学生在市场分析能力、消费者行为理解以及商业模式设计方面表现出了更强的竞争力。在比赛过程中，学生需要进行详尽的市场调研，通过问卷调查、访谈、数据分析等多种方式，全面了解目标客户群体的需求、偏好和消费习惯，并以此为依据制定相应的商业模式。这种以市场为导向的训练模式，使学生能够敏锐地捕捉行业动态，及时调整策略，更好地把握行业脉搏，提高商业敏感度。此外，许多竞赛还会邀请企业高管或投资人担任评委，他们凭借丰富的行业经验和敏锐的市场洞察力，为参赛者提供专业的市场反馈和宝贵的建议，帮助学生进一步完善项目，提升项目的商业价值。

体育创新创业竞赛往往伴随着较高的竞争压力和时间紧迫性，这对学生的心理素质和应变能力构成了严峻挑战。长期参与竞赛的学生在高压环境下逐渐锤炼出了更强的心理韧性和自我调节能力。正是这种不确定性促使学生从失败中吸取教训，勇敢地重新调整方案，并在后续的比赛中奋勇拼搏，取得优异成绩。这种失败与再尝试的循环过程，如同磨刀石一般，逐步磨砺出学生正确的挫折观，显著提高了他们的抗压能力和适应能力，使他们能够在未来的生活中更加从容地面对各种困难和挑战。

（2）学科竞赛对教学实践的影响

① 驱动课程体系深度变革与创新。

体育类创新创业大赛宛如一股劲的驱动力，推动着高校在体育专业课程体系构建上实现重大突破。高校积极响应大赛所倡导的创新与创业理念，将创新创业元素巧妙且深入地融入课程体系之中。一方面，精心开设创新创业基础课程，这些课程犹如一座桥梁，搭建起学生与创新创业世界的联系。通过系统讲授创新创业的基本理论、前沿方法和实践案例，帮助学生打破传统思维的束缚，树立起创新意识和创业精神，让他们明白在体育领域同样蕴含着无限的创业可能。另一方面，学科竞赛指导课程应运而生，高校邀请在学科竞赛指导方面经验丰富的教师以及具有深厚创新创业教育背景的专家授课。他们凭借丰富的实战经验和敏锐的行业洞察力，为学生深入剖析学科竞赛的规则、流程以及实用的竞赛技巧，使学生能够提前熟悉竞赛环境，掌握应对策略，从而在学科竞赛中展现出更强的竞争力，实现创新创业能力与学科竞赛表现的双提升。

大赛对参赛项目创新性和实用性的严格要求，促使高校对体育专业课程进行全面而深入的改革。在课程内容方面，高校积极增加与创新创业紧密相关的实验项目和案例分析。这些实验项目不再是传统意义上的简单重复操作，而是紧密结合行业实际需求和创新趋势，具有一定的挑战性和探索性。案例分析则选取体育产业中成功的创新创业案例，引导学生深入剖析其背后的创新思维、商业模式和运营策略。在教学方法上，项目式教学法和案例教学法得到广泛应用。项目式教学法以实际项目为载体，让学生分组合作完成从项目策划、实施到总结的全过程，在实践中锻炼学生的创新思维、团队协作能力和解决实际问题的能力。案例教学法则通过生动的案例分析，激发学生的学习兴趣和主动性，培养他们独立思考和分析问题的能力，使课堂教学更加生动有趣、富有实效。

② 强化师资团队建设。

为了使学生在体育类创新创业大赛中取得优异成绩，高校深刻认识到选拔和培养一支高素质师资团队的重要性。这支团队不仅需要具备扎实的学科专业知识，还要拥有丰富的学科竞赛指导经验和深厚的创新创业教育背景。为此，高校积极采取多种措施，一方面从内部挖掘潜力，选拔有潜力的教师参加专业培训和学术交流活动，拓宽他们的视野，更新他们的知识结构；另一方面从外部引进优秀人才，充实师资队伍。这些举措促使教师不断学习和更新知识，紧跟行业发展趋势，提高自身的专业素养和教学水平，从而能够为学生提供更加专业、精准的指导。

高校深知教师的积极性和主动性对于学科竞赛指导和创新创业教育工作的重要性，因此构建了一套完善的激励机制。设立专门的学科竞赛指导教师奖励基金，对在指导学生参赛过程中取得突出成绩的教师给予丰厚的物质奖励和崇高的荣誉表彰。这种奖励不仅是对教师辛勤付出的肯定，更是对他们工作的高度认可，极大地激发了教师的工作热情。在教师职称评定和岗位晋升方面，将学科竞赛指导工作和创新创业教育工作成果作为重要考核指标。这意味着教师在教学和科研工作中，如果能够在学科竞赛指导和创新创业教育方面取得优异成绩，将获得更多的晋升机会和发展空间，从而进一步调动了教师参与这两项工作的积极性和主动性。

③ 搭建多元实践平台，深化校企合作。

体育类创新创业大赛为学生搭建了一个将理论知识与实践紧密结合的优质平台。在参与大赛的过程中，学生不再是纸上谈兵，而是真正将所学的体育专业知识、创新创业理论应用到实际项目中。他们需要面对各种复杂的问题和挑战，通过不断地尝试和探索，积累宝贵的竞赛经验。这种实践经验不仅能够加深学生对理论知识的理解和掌握，还能提高他们的实践能力、应变能力和解决问题的能力，使他们在未来的职业发展中更具竞争力。学校借助企业的资源和专业导师的指导，为学生提供更加贴近实际的实践环境和项目机会。学生可以在企业的实际项目中锻炼自己的能力，将创意转化为具有商业价值的成果。企业也能通过参与大赛，发现具有创新潜力和商业价值的项目和人才。企业可以利用自身的资金、技术和市场优势，对这些项目进行投资和孵化，实现产学研的深度融合。这种合作模式不仅有利于学生的成长和发展，也有助于企业创新能力的提升和产业结构的优化升级。

④ 完善综合评价与反馈机制。

体育类创新创业大赛的评价体系具有全面性和综合性的特点，它不仅仅关注学生的竞赛成绩，更注重对学生综合素质的评估。在竞赛过程中，学生的创新思维、团队协作能力、实践技能、心理素质等多个方面都会得到充分的展现。这种评价体系促使高校在教育教学过程中更加注重学生综合素质的培养，改变以往单纯以成绩论英雄的评价方式。高校开始关注学生的个性发展和潜能挖掘，通过多元化的评价方式，如教师评价、学生自评、互评、企业评价等，全面了解学生的优势和不足，为学生提供更加个性化的教育服务。

大赛的评价与反馈机制为高校提供了一个了解教学效果和发现问题的窗口。通过对学生竞赛表现和反馈信息的分析，高校可以及时发现教学中存在的问题和不足之处，如课程设置的合理性、教学方法的有效性等。针对这些问题，高校可以及时调整教学策略和方法，优化课程体系和教学内容，不断提高学科竞赛能力培养质量。这种持续改进的机制有助于高校形成一种良性循环，不断提升教育教学水平，培养出更多符合社会需求的高素质体育创新创业人才。

⑤ 点燃学生创新创业热情，培育创新创业人才。

体育类创新创业大赛的举办激发了学生对创新创业的浓厚兴趣和无限热情。大赛所展示的众多成功案例和创新成果，让学生看到了在体育领域创新创业的广阔前景和无限可能。他们开始更加关注行业前沿动态和市场需求，积极思考如何运用所学知识和技能解决实际问题，寻求创新解决方案。这种意识的觉醒将伴随学生一生，成为他们不断追求创新和创业的动力源泉。参与大赛为学生提供了一个难得的实践舞台，让他们在实践中锻炼自己的创新思维、团队协作能力和实践能力。在项目策划和实施过程中，学生需要充分发挥自己的想象力，提出新颖独特的创意和方案；需要与团队成员密切配合，共同克服各种困难和挑战；需要运用所学知识解决实际问题，将创意转化为实际成果。通过这些实践锻炼，学生为未来的职业发展打下了坚实的基础。大赛也为学生提供了一个展示自己才华和能力的广阔平台，他们的优秀表现和项目成果有机会得到企业、投资机构和社会的关注和认可。这将有助于他们在毕业后更容易找到理想的工作或获得创业机会，实现自己的人生价值。

4.5 数学类学科竞赛

4.5.1 选题策略

在数学学科类竞赛中，选题策略与模型构建技巧是决定竞赛成果的核心要素。前者关乎方向的正确性，后者则决定解决方案的深度与可行性。对于参赛学生而言，能否在众多潜在题目中精准定位适合自身团队的选题，并通过科学的模型构建将问题转化为可量化、可求解的数学形式，直接影响最终的竞赛成绩。以下从选题策略与模型构建两个维度，系统剖析其中的关键思路与实操技巧。

（1）数学竞赛的选题策略

数学竞赛的选题环节如同航海中的"定向"，选对方向才能避免南辕北辙。尤其在综合性竞赛（如全国大学生数学建模竞赛、国际大学生数学建模竞赛）中，题目往往涵盖工程、经济、生态、医学等多个领域，表面上是现实问题的呈现，实则需要参赛者透过现象挖掘其数学本质。因此，选题策略的核心在于"匹配度"——即题目与团队知识储备、能力特长、时间规划之间的适配性，同时需兼顾问题的可挖掘性与创新性。

① 基于团队优势的选题匹配。

团队的知识结构与技能特长是选题的首要考量因素。数学竞赛题目通常可分为三类：连续型问题（如微分方程建模、优化问题）、离散型问题（如图论、组合优化）、数据驱动型问题（如统计分析、机器学习建模）。不同类型的题目对知识储备的要求差异显著：连续型问题需要扎实的微积分、微分方程理论基础，以及对MATLAB、Python 中数值求解工具的熟练运用；离散型问题则依赖图论、运筹学知识，常需结合算法设计（如动态规划、贪心算法）。

② 问题复杂度与可操作性的平衡。

数学竞赛的题目往往具有开放性，但并非所有题目都能在有限时间内（如建模竞赛的 3～4 天）完成从分析到求解的全流程。选题时需警惕"看似简单实则复杂"的陷阱——某些题目描述简洁（如"制定最优灌溉方案"），但深入分析后会发现涉及气象数据、土壤特性、作物生长模型等多维度变量，且数据获取难度大，模型耦合关系复杂，极可能超出团队的处理能力。

③ 现实价值与创新点的挖掘。

高质量的数学竞赛选题往往兼具现实意义与创新空间。在评审标准中，"问题的实际应用价值"与"模型的创新性"通常占比颇高。因此，选题时需避免两类极端：一类是纯理论化题目（如"某类微分方程的新解法"），缺乏实际背景支撑，难以体现应用价值；另一类是过于陈旧的问题（如"经典旅行商问题的改进"），已有大量研究成果，创新难度极大。挖掘现实价值的关键在于关注题目与社会需求的关联性。例如，近年来"碳中和""智慧城市""公共卫生应急管理"等国家战略相关的题目，因其紧密贴合现实需求，更容易获得评审认可。而创新点的寻找可从三个维度切入：一是方法创新（如将传统统计模型与机器学习结合）；二是视角创新（如从博弈论角度分析市场调控问题，而非传统的供需模型）；三是结论创新（如提出与常识不同的优化策略，且能通过数据验证）。

4.5.2 论文写作规范

在数学学科类竞赛中，论文写作与可视化表达是将解题思路与研究成果转化为可传播、可评审内容的关键环节。相较于纯粹的数学推导能力，规范的论文结构、严谨的逻辑表达与直观的可视化呈现，更能体现参赛者对问题的理解深度与综合素养。尤其在数学建模竞赛等综合性赛事中，论文质量往往直接决定评审结果。

数学竞赛论文的写作不同于学术期刊论文，其核心目标是在有限篇幅内清晰、完整地呈现"问题分析—模型构建—求解过程—结果验证—结论拓展"的全流程。数学竞赛论文的结构需遵循"评审导向"原则，即让评审专家能在最短时间内捕捉核心信息。国际与国内主流数学建模竞赛均隐含着标准化的结构预期，通常包括摘要、问题重述、模型假设、符号说明、模型构建。

数学竞赛中常用的可视化工具主要有以下几种。Excel/Origin 适合快速绘制折线图、柱状图、散点图，操作简单，可满足基础需求。Origin 在科学绘图方面更具优势。Python 适合处理大量数据或定制化图表，代码可复用，便于修改参数。例如，用 Seaborn 的 heatmap 函数可一键生成带聚类效果的热力图。MATLAB 在绘制函数曲线、三维曲面方面表现突出，与数值计算过程无缝衔接。Visio/PowerPoint 适合绘制流程图、示意图，支持矢量图形，放大后不失真。

论文写作与可视化表达并非孤立环节，而是相互支撑的整体。文字阐述需为图表提供背景与解读，图表则需印证文字结论，二者共同构建"言必有据、图必表意"的完整叙事。例如，在"疫情传播模型"论文中，正文描述"模型预测峰值出现在第 15 天，累计病例 5000 人"，对应的折线图需清晰标注峰值点，并通过阴影区域表示 95% 置信区间；正文分析"社交距离每增加 1 米，传播率下降 20%"，对应的柱状图需对比不同社交距离下的传播率数据，并在图注中说明数据来源。这种"文字＋图表"的双重论证，能显著增强结论的说服力。同时，需避免"重图表轻文字"或"重文字轻图表"的极端：前者可能导致逻辑断裂，后者则可能使复杂结论难以理解。优秀的竞赛论文往往是"文字叙述框架、图表呈现细节"，二者比例协调，共同服务于"清晰传递研究成果"的核心目标。

综上，数学竞赛的论文写作需以规范结构为骨架、严谨逻辑为血脉，可视化表达则需以准确直观为准则、协同文字为目标。对于参赛者而言，掌握这些规范与技巧，不仅能在竞赛中脱颖而出，更能培养科学研究所需的表达素养，而这种将复杂思想转化为清晰成果的能力，正是数学学科竞赛背后的深层价值所在。

4.5.3 中国大学生数学竞赛（CMC）

中国大学生数学竞赛是由中国数学会主办面向本科生的全国性高水平数学学科竞赛，始于 2009 年。这项竞赛的创立背景源于我国高等教育对培养创新型数学人才的迫切需求，旨在促进高等学校数学课程的改革和建设，增加大学生学习数学的兴趣，培养分析、解决问题的能力，发现和选拔数学创新人才，为青年学子提供一个展示数学基本功和数学思维的舞台。CMC 的主办单位中国数学会成立于 1935 年，是中国数学工作者最权威的学术组织，负责组织协调全国数学研究、数学教育和数学竞赛等工作。竞赛的实际组织工作通常由中国数学会下属的普及工作委员会及竞赛委员会具体实施，各省级数学会则负责地区层面的初赛组织工作。

在参赛规模方面，CMC 自创办以来呈现出快速增长的态势。首届竞赛仅有来自约 100 所高校的 2000 余名学生参加；而到了 2022 年第十三届竞赛时，参赛高校已超过 500 所，参赛学生人数突破 10 万大关。这一数据充分反映了 CMC 在全国高校中的影响力和认可度。

（1）竞赛分组与参赛规则详解

CMC 根据专业背景将参赛学生分为数学专业组和非数学专业组两大类别，两组别采用不同的竞赛大纲和试题。这种分组方式既考虑了数学专业学生的知识深度，也兼顾了非数学专业学生的实际情况，使竞赛更具公平性和科学性。

数学专业组面向数学与应用数学、信息与计算科学等专业的学生，竞赛内容涵盖数学分析（50%）、高等代数（35%）和解析几何（15%）三门核心课程。试题难度较高，强调理论的严谨性和解题的技巧性，旨在选拔具有优秀数学潜质的专业人才。

非数学专业组则面向全国各高校理工科非数学专业的学生，竞赛内容以高等数学（即微积分）为主，包含少量线性代数内容（约 15%）。试题难度相对较低，但覆盖面广，注重考察学生对基本概念的理解和应用数学知识解决实际问题的能力。

在参赛资格方面，CMC 要求所有参赛者必须是具有正式学籍的全日制在校本科生（不含研究生）。竞赛分为初赛和全国决赛两个阶段：初赛在各省级赛区进行，所有符合条件的学生均可报名参加；决赛则从初赛一等奖获得者中选拔产生，每个赛区参加全国决赛的名额由组委会根据初赛参赛人数确定，通常不超过初赛人数的 5%。CMC 允许低年级学生（如大一学生）参赛，但考虑到知识储备因素，低年级学生获奖比例相对较低。竞赛鼓励学生多次参赛，事实上，许多优秀选手通过连续参赛积累经验，成绩逐年提高。竞赛报名通常通过所在高校数学系或教务处统一组织。

（2）竞赛赛制与奖项设置

中国大学生数学竞赛采用"初赛 + 决赛"的两级赛制，整个竞赛周期持续约 5 个月。初赛一般在每年 10 月的第三个周六举行，全国各省级赛区在同一时间使用相同试题进行比赛。初赛考试时间为 180 分钟，满分 100 分，形式为闭卷笔试，不允许使用任何计算工具和参考资料。

初赛结束后，各赛区组织阅卷并根据成绩评定赛区奖项，通常包括一等奖、二等奖和三等奖，获奖比例分别不超过参赛人数的 5%、15% 和 25%。各赛区从初赛一等奖获得者中选拔优秀学生组成代表队参加全国决赛，决赛名额根据赛区参赛规模而定，一般每个赛区 5 ～ 20 人。

全国决赛于次年 3 月左右举行，具体地点每年轮换，由承办高校负责组织。决赛同样为 180 分钟闭卷笔试，但题目难度显著高于初赛。决赛奖项设置为全国一等奖、二等奖和三等奖，获奖比例分别为决赛人数的 20%、35% 和 45% 左右。特别优秀的决赛选手还可能获得组委会颁发的特别奖项，如"陈省身奖"等。

CMC 的获奖证书由中国数学会统一颁发，具有很高的学术认可度。在保送研究生、申请海外留学等方面，CMC 奖项（尤其是全国奖项）都能为学生的学术履历增添亮色。许多 985 高校在研究生推免中会将 CMC 全国奖项作为重要参考，部分高校甚至给予直接保研的优惠政策。除了个人奖项外，CMC 还设有"团体优胜奖"和"优秀指导教师奖"等集体奖项。团体成绩通常根据各高校参赛学生的初赛平均分和获奖情况综合评定，这一机制促进了高校之间的良性竞争和数学教学质量的整体提升。

（3）数学专业组典型赛题解析

① 题目示例（2021 年 CMC 数学专业组决赛题）：设函数 f 在 $[0,1]$ 上连续，在 $(0,1)$ 内可导，且 $f(0)=0$，$f(1)=1$。证明：存在两个不同的点 ξ，$\eta \in (0,1)$，使得 $f'(\xi)f'(\eta)=1$。

② 解题思路：此题考察微分中值定理的灵活运用，需要构造辅助函数并多次应用中值定理。关键在于观察到 $1/f'(x)$ 的几何意义，并考虑函数在中间点的取值情况。

③ 详细解答：

第一步，由题意知 $f(x)$ 在 $[0,1]$ 上满足拉格朗日中值定理条件，故存在 $c \in (0,1)$ 使得 $f'(c)=[f(1)-f(0)]/(1-0)=1$。

第二步，考虑区间 $[0,c]$ 和 $[c,1]$，分别应用中值定理，存在 $\xi \in (0,c)$ 使得 $f'(\xi)=[f(c)-f(0)]/(c-0)=f(c)/c$；存在 $\eta \in (c,1)$ 使得 $f'(\eta)=[f(1)-f(c)]/(1-c)=[1-f(c)]/(1-c)$。

第三步，我们需要证明 $f'(\xi)f'(\eta)=1$，即 $f(c)/c \times [1-f(c)]/(1-c)=1$，展开整理得 $f(c)[1-f(c)]=c(1-c)$。

第四步，构造辅助函数 $g(x)=f(x)[1-f(x)]-x(1-x)$，$x\in[0,1]$；计算 $g(0)=0\times(1-0)-0\times1=0$，$g(1)=1\times(1-1)-1\times0=0$；由罗尔定理，存在 $d\in(0,1)$ 使得 $g'(d)=0$。

第五步，计算 $g'(x)=f'(x)[1-2f(x)]-(1-2x)$；由 $g'(d)=0$ 得 $f'(d)[1-2f(d)]=1-2d$。

第六步，特别地，取 $x=c$ 时，如果 $f(c)=c$，则直接取 $\xi=\eta=c$ 即可；如果 $f(c)\neq c$，则 $g(c)\neq0$，可以证明存在两个不同的 ξ，η 满足要求。

综上，命题得证。

（4）非数学专业组典型赛题解析

① 题目示例（2018 年 CMC 非数学专业组初赛题）：设 A 为 n 阶实矩阵，且满足 $A^3=A$。证明 $\mathrm{rank}(A)+\mathrm{rank}(A-I)+\mathrm{rank}(A+I)=2n$。

② 解题思路：此题考察矩阵秩的性质和多项式矩阵理论。由 $A^3=A$ 可以得到 A 的最小多项式整除 x^3-x，进而矩阵可以被准对角化，根据不同特征值对应的子空间维度来证明秩的关系。

③ 详细解答：

第一步，由 $A^3=A$ 可得 $A(A^2-I)=0$，说明 A 满足多项式 $x^3-x=0$，即 $x(x-1)(x+1)=0$。

第二步，矩阵 A 的最小多项式必须整除 x^3-x，因此 A 的最小多项式无重根，说明 A 可以对角化（在复数域上）。

第三步，A 的可能的特征值为 0，1，-1。设 V_0 为特征值 0 对应的特征空间，V_1 为特征值 1 对应的特征空间，V_2 为特征值 -1 对应的特征空间。

第四步，由于 A 可以对角化，有 $C^n=V_0\oplus V_1\oplus V_2$（直和分解）。

第五步，计算各子空间维数与秩的关系：$\dim(V_0)=n-\mathrm{rank}(A)$（因为 V_0 是 A 的核空间），$\dim(V_1)=\mathrm{rank}(A-I)$（因为 V_1 是 $A-I$ 的核空间），$\dim(V_2)=\mathrm{rank}(V+I)$（因为 V_2 是 $V+I$ 的核空间）。

第六步，根据直和分解有 $\dim(V_0)+\dim(V_1)+\dim(V_2)=n$，即 $[n-\mathrm{rank}(A)]+\mathrm{rank}(A-I)+\mathrm{rank}(A+I)=n$。

第七步，整理得 $\mathrm{rank}(A)+\mathrm{rank}(A-I)+\mathrm{rank}(A+I)=2n$。

证毕。

4.5.4 全国大学生数学建模竞赛（CUMCM）

全国大学生数学建模竞赛（CUMCM）作为中国规模最大、影响力最广的科技类竞赛之一，自 1992 年创办以来已经发展成为培养创新人才、提升学生实践能力的重要平台。

（1）竞赛创立背景与发展历程

1992 年，在教育部高教司的直接倡导和中国工业与应用数学学会（CSIAM）的牵头组织下，首届竞赛成功举办，当时仅有 10 省市 79 所高校的 314 支队伍参赛。这一创举的背景是传统数学教育偏重理论而忽视应用能力的培养，难以满足改革开放后经济社会发展对应用型人才的需求。作为首批列入"高校学科竞赛排行榜"的 19 项竞赛之一，它早已成为全国高校规模最大的基础性学科竞赛。随着时间的推移，其影响力不断向外辐射，近年来，来自美国、英国、澳大利亚、新加坡、马来西亚等国家的院校也纷纷加入这场全球数学爱好者的狂欢，使得 CUMCM 的国际知名度与日俱增。以 2024 年为例，来自全国及上述国家的 1788 所院校 / 校区、65761 队（本科 59278 队、专科 6483 队）、近 20 万人报名参赛，如此庞大的参赛规模，足以彰显其在全球数学建模领域的举足轻重。

CUMCM 的诞生承载着多重使命。首要任务便是激发学生对数学学习的热情，让那些原本对数学望而却步的学生，在参与竞赛的过程中，领略到数学的奇妙与实用，从而主动探索数学的奥秘。在如今这个科技飞速发展的时代，能够运用数学模型和计算机技术解决实际问题，已然成为大学生不可或缺的综合能力。竞赛通过精心设计的赛题，引导学生将所学的数学知识与实际应用紧密结合，不断提升这一关键能力。此外，它还大力鼓励学生积极投身课外科技活动，拓宽知识面，培养创造精神及团队合作意识。从更深层次来看，CUMCM 对推动大学数学教学体系、教学内容和方法的改革也起到了积极的促进作用，为高校数学教育注入了新的活力与思路。

（2）组织体系与运行机制

CUMCM 的组织架构呈现三级管理体系特点。顶层是由教育部高教司和中国工业与应用数学学会组成的全国组委会，负责制定竞赛章程、组织命题和最终评审；中层是各省（市、自治区）教育主管部门与数学建模学会组成的赛区组委会，负责本赛区的报名、竞赛组织和初评工作；基层是各高校的数学建模指导教师团队，负责校内选拔、培训和参赛保障。竞赛采用"一次竞赛、两级评审"的运作模式。每年 9 月中旬（通常为中秋节前后）举行，历时 74 小时（原为 72 小时，2019 年起延长）。各参赛队在指定时间内完成从问题分析、模型构建到论文撰写的全过程。赛区组委会首先组织初评，按不超过参赛队数 25% 的比例推荐全国奖候选论文，全国组委会再进行复评，确定最终获奖等级。CUMCM 实行"本科生为主、研究生为辅"的参赛政策。原则上要求每支队伍由 3 名在校本科生组成（允许少量研究生参与但不单独设奖），鼓励跨专业组队。这一规定既保证了竞赛的公平性，又促进了学科交叉与团队协作，体现了竞赛培养复合型人才的设计初衷。

CUMCM 自 2008 年起设立本科组和专科组两个组别，分别命题、分开评奖。本科组赛题通常涉及更深层次的数学方法和更复杂的社会实际问题，专科组则侧重基础模型的应用与实现。这种分类设计既考虑了学生群体的差异性，又保证了竞赛的公平性。奖项体系采用金字塔结构：全国一等奖不超过参赛队数的 1.5%（约 800 队），全国二等奖约 6.5%（约 3500 队），赛区奖（省一、二、三等奖）约 25%。此外还设有优秀组织奖、优秀指导教师奖等团体荣誉。这种阶梯式奖励设计既保证了顶级奖项的含金量，又给予了大部分参赛者正向激励。CUMCM 的获奖证书由教育部高教司和中国工业与应用数学学会联合盖章，具有高度的权威性。在研究生推免、海外留学申请和就业竞争中，全国级别的奖项往往能成为重要的加分项。部分"双一流"高校将 CUMCM 全国一等奖纳入研究生保送的直接条件，体现了社会对竞赛价值的高度认可。

（3）CUMCM 典型赛题举例与分析

随着科技的进步和人们生活水平的提高，对于室内环境舒适度的要求也在不断增加。现代家庭越来越倾向于选择集成化、智能化的家电产品，以节省空间、提高效率和便利性。在这样的背景下，空调、加湿器和空气净化器的三合一产品应运而生，它们不仅能够调节室内温度，还能保持适宜的湿度和净化空气，为用户提供一个健康舒适的居住环境。然而，要实现这些功能的最佳效果，需要对设备的形状、摆放位置、风速风量等进行优化设计。

① 蚁群算法（ACO）是一种基于模拟自然界蚂蚁觅食行为的优化算法，其核心思想是通过蚂蚁群体间的信息共享以及对环境的探索，寻找问题的全局最优解（图 4-22）。

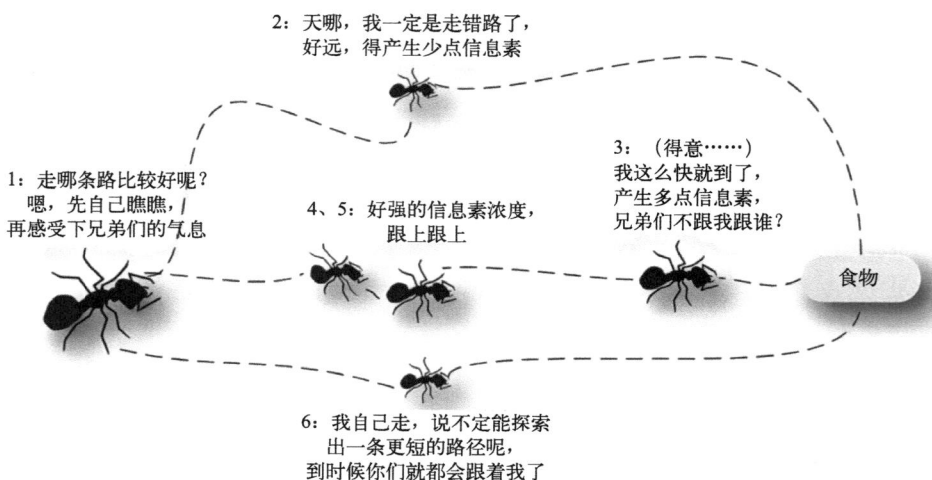

2：天哪，我一定是走错路了，好远，得产生少点信息素

3：（得意……）我这么快就到了，产生多点信息素，兄弟们不跟我跟谁？

1：走哪条路比较好呢？嗯，先自己瞧瞧，再感受下兄弟们的气息

4、5：好强的信息素浓度，跟上跟上

食物

6：我自己走，说不定能探索出一条更短的路径呢，到时候你们就都会跟着我了

图 4-22　蚁群算法

对于三合一设备的效率优化问题，目标是最小化设备完成空调、空气净化和湿度调节三项任务的总时间 t_{total}，并满足所有设计约束。蚁群算法在解决该类多变量、多约束优化问题时，具有快速收敛、全局搜索能力强的优点。

蚁群算法以路径选择问题为基础，通过模拟以下过程实现优化：

信息素积累与挥发：蚂蚁在路径上释放信息素，信息素的浓度反映路径的优劣。较短的路径会吸引更多蚂蚁，使信息素浓度增加，但信息素也会随时间挥发，以避免算法陷入局部最优。

概率选择机制：蚂蚁依据路径上信息素浓度和启发式信息（如路径长度）的综合影响，按照概率选择下一步移动方向。概率 P_{ij} 定义为：

$$P_{ij} = \frac{\tau_{ij}^{\alpha} \cdot \eta_{ij}^{\beta}}{\sum_k \tau_{ik}^{\alpha} \cdot \eta_{ik}^{\beta}}$$

式中 τ_{ij} ——路径 $i \to j$ 上的信息素浓度；

η_{ij} ——为启发式信息，反映路径 $i \to j$ 的优劣；

α 和 β ——为调节参数，分别表示信息素和启发式信息的重要程度。

路径更新：每轮迭代结束后，信息素浓度根据路径的优劣进行更新。较优路径的信息素浓度增加，以引导后续迭代逐步向最优解收敛。

针对三合一设备效率仿真模型，蚁群算法的求解流程可分为以下步骤：

A. 初始化参数。

设置蚂蚁数量 m、最大迭代次数 max_gen、信息素初始浓度 τ_0。初始化设备的设计参数及约束范围，包括设备尺寸、进出风口配置等。确定目标函数为 $t_{total} = t_1 + t_2 + t_3 + \max(t_1, t_2, t_3)$。

B. 构建解空间。

定义蚂蚁移动的解空间，包括设备的长度 ac_length、宽度 ac_width、高度 ac_height，进风口和出风口的数量、面积及风速等。对解空间进行离散化，构建一个多维搜索图。

C. 计算适应度。

每只蚂蚁依据目标函数 t_{total} 计算适应度值，并判断解是否满足约束条件（如设备体积约束 $V_{device} \leqslant 0.1\text{m}^3$ 等）。若解不满足约束条件，则为该路径设置较低的适应度。

D. 路径选择与信息素更新。

每只蚂蚁根据概率公式 P_{ij} 在解空间中移动，逐步构建可行解。当所有蚂蚁完成路径选择后，按照目标函数值更新路径上的信息素浓度：

$$\tau_{ij} \leftarrow (1 - \rho) \cdot \tau_{ij} + \Delta \tau_{ij}$$

式中 ρ ——信息素挥发率；

$\Delta\tau_{ij}$ ——新增信息素，计算公式为 $\Delta\tau_{ij} = \begin{cases} \dfrac{Q}{t_{\text{total}}}, & \text{路径属于当前最优解} \\ 0, & \text{其他路径} \end{cases}$ ，Q 为信

息素更新常数。

E. 迭代更新。

重复步骤 C 和步骤 D，逐代优化路径。在每一代中，记录当前迭代的最优解及其对应的目标值；当达到最大迭代次数或目标函数值变化小于预设阈值时，停止迭代。

F. 输出结果。

返回最优设计参数及其对应的最小总时间 t_{total}。

② 蚁群算法在解决三合一设备的综合目标优化问题时表现出以下优势，如全局搜索能力，通过信息素的动态更新，蚁群算法能够在复杂解空间中有效避免陷入局部最优；适应多变量优化，能够处理多维连续或离散变量的优化问题，尤其适合设备多参数设计的场景。同时通过调整信息素挥发率、启发式信息权重等参数，算法能够适应不同的优化需求。通过蚁群算法的求解，成功构建了满足约束条件的最优设备设计方案，实现了空调调节、空气净化与湿度调节的高效协同工作，为三合一设备的研发提供了理论支持和实践指导。

在蚁群算法的求解过程中，收敛性分析是评估算法性能与优化结果质量的重要手段。本文利用蚁群算法对三合一设备效率仿真模型进行了优化，目标是最小化三合一设备在完成空调制冷、空气净化和空气加湿任务时所需的总时间 $t_{\text{total}} = t_1 + t_2 + t_3 + \max(t_1, t_2, t_3)$。通过多次迭代记录的分析，设置迭代次数为 500 次，最终的收敛迭代如图 4-23 所示。

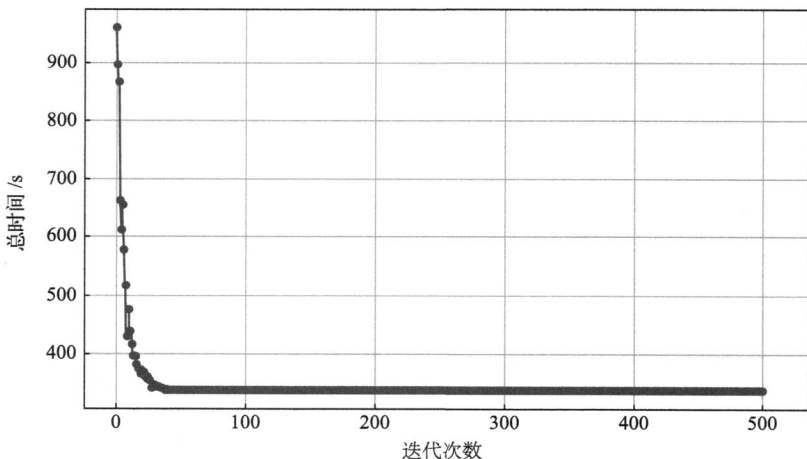

图 4-23 收敛曲线

从蚁群算法的收敛曲线可以看出，算法表现出快速收敛的典型特性。在前 50 次迭代中，目标函数值迅速下降，由初始值 900s 降至 400s。此阶段表明蚁群算法在解空间内完成了全局搜索并锁定了潜在最优解区域。在随后的迭代中，目标函数值的下降速率逐渐减缓，算法进入局部搜索阶段以优化已找到的解。从第 150 次迭代开始，目标函数值趋于平稳并最终收敛至 361.63s，表明蚁群算法成功找到了全局最优解并完成优化任务。

通过蚁群算法的求解，最终获得的最优设计参数及如下：

A. 三合一设备尺寸。

已知长度 ac_length=0.2306m，宽度 ac_width=0.4365m，高度 ac_height=0.4290m，计算三合一设备的体积为：

$$V_{device} = ac\_length \times ac\_width \times ac\_height = 0.2306m \times 0.4365m \times 0.4290m \approx 0.0432m^3$$

该体积满足约束 $V_{device} \leqslant 0.1m^3$，表明设计方案在保证紧凑性的同时，为设备的多功能运行提供了足够的空间支持。

B. 进风口配置。

已知数量 num_inlets = 4，单个面积 inlet_area = 0.1000m²，风速 inlet_wind_speed = 8.0000m/s，计算总进风量为：

$$V_{inlet} = num\_inlets \times inlet\_area \times inlet\_wind\_speed = 4 \times 0.1000m^2 \times 8.0000m/s = 3.200m^3/s$$

C. 出风口配置。

已知数量 num_outlets = 4，单个面积 outlet_area = 0.1000m²，风速 outlet_wind_speed = 8.0000m/s，计算总出风量为：

$$V_{outlet} = num\_outlets \times outlet\_area \times outlet\_wind\_speed$$
$$= 4 \times 0.1000m^2 \times 8.0000m/s = 3.2.000m^3/s$$

D. 综合风量与多功能效率。

通过进风量与出风口风量计算三合一设备的综合风量：

$$V_{device} = \frac{V_{inlet} + V_{outlet}}{2} = \frac{3.200 + 3.200}{2}m^3/s = 3.200m^3/s$$

E. 任务时间分析。

优化任务涉及空调制冷、空气净化和空气加湿，分别需要时间：空调制冷时间 $t_1 = 56.92s$，空气净化时间 $t_2 = 139.55s$，空气加湿时间 $t_3 = 25.61s$，最长任务时间 $\max(t_1, t_2, t_3) = 139.55s$。总优化时间：

$$t_{total} = t_1 + t_2 + t_3 + \max(t_1, t_2, t_3) = 56.92s + 139.55s + 25.61s + 139.55s = 361.63s$$

从蚁群算法的收敛曲线可以看出，算法在全局搜索与局部优化的平衡过程中表现出高效的收敛特性，最终找到满足所有约束条件的全局最优解。优化结果表明，通过合理的三合一设备尺寸和风口配置设计，在保证设备体积紧凑性与多功能运行效率的前提下，可以显著缩短任务完成所需总时间。

③ 三合一设备的外观设计需在满足功能需求和体积约束的前提下，优化其外观形状以提升空间利用率、设备稳定性及用户体验。基于前述优化参数，分析三种典型几何形状（圆柱体、长方体）的适用性及其优缺点，为设备外观设计提供参考。

A. 解答 1：圆柱体设计。

圆柱体的设计（图 4-24）需要同时满足体积和尺寸约束，其半径 r 和高度 h 的关系由以下公式表示：

$$V_{\text{cylinder}} = \pi r^2 h$$

根据优化得到的体积 $V_{\text{device}} = 0.0432\text{m}^3$，假设设备高度接近优化值 $h \approx 0.429\text{m}$，可计算半径：

$$r = \sqrt{\frac{V_{\text{device}}}{\pi h}} = \sqrt{\frac{0.0432}{\pi \times 0.429}}\text{m} \approx 0.18\text{m}$$

外观特征：半径 $r \approx 0.18\text{m}$，高度 $h \approx 0.429\text{m}$，整体外观类似一台紧凑型圆柱体设备。

优点：空间利用率较高，适用于狭小空间中摆放；重心居中，设备稳定性较好；流线型外观，具有较好的美观性和现代感。

缺点：内部空间分割复杂，风道设计难度较高；边角空间利用率较低，可能增加材料浪费。

B. 解答 2：长方体设计。

长方体设计（图 4-25）遵循优化得到的尺寸参数，其长、宽和高分别为：

图 4-24　圆柱体设计

图 4-25　长方体设计

ac_length = 0.2306m，ac_width = 0.4365m，ac_height = 0.429m。计算体积验证：

$$V_{rectangular} = ac\_length \times ac\_width \times ac\_height = 0.2306m \times 0.4365m \times 0.429m \approx 0.0432m^3$$

外观特征：长 ac_length=0.2306m，宽 ac_width=0.4365m，高 ac_height=0.429m，外观为一个低矮而宽的长方体设备。

优点：内部结构灵活，风道设计与组件布置较为便利；外观设计简洁，可适应多种使用场景；稳定性优异，重心较低，适合地面摆放或壁挂设计。

缺点：占用空间面积较大，不利于狭小空间摆放；外观设计需通过细节优化提升美观性。

因此，综合考虑功能、外观和使用场景，推荐采用长方体设计为三合一设备的最佳外观形状，并通过边缘圆滑处理或表面纹理设计进一步提升设备的美观性。

随着现代居住环境的日益复杂化和人们对生活品质要求的提升，集成了空调、空气净化器和加湿器功能的三合一设备应运而生，旨在提供一站式的环境调节解决方案。这类设备不仅节省空间，还能通过一体化操作提升用户体验。然而，要实现最佳的温度调节、空气净化和湿度控制效果，需要对设备的形状、尺寸、风量配置等进行精细优化。本试题通过建立数学模型和运用先进的优化算法，通过对空调、加湿器、净化器的层次研究，进而整合成三合一设备的设计进行了系统性研究，以期达到能效、舒适度和环境质量的最优平衡。

三合一设备优化模型具有多个显著优势，模型综合考虑了空调、空气净化器和加湿器的物理特性和运行参数，通过动态仿真实现了对设备性能的全面评估。其次，模型采用多目标优化策略，能够在保证设备体积紧凑性的同时，最大化能效和人体舒适度。此外，模型运用了遗传算法、粒子群优化算法和蚁群算法等先进的优化技术，这些算法在解决复杂多变量、多约束问题时表现出快速收敛和全局搜索的优势，能够有效避免局部最优解，提高求解效率。模型的优化结果为实际工程设计提供了理论支持和实践指导，具有较高的应用价值和推广潜力。

第 5 章

AI 赋能下的大学生学科竞赛创新与未来展望

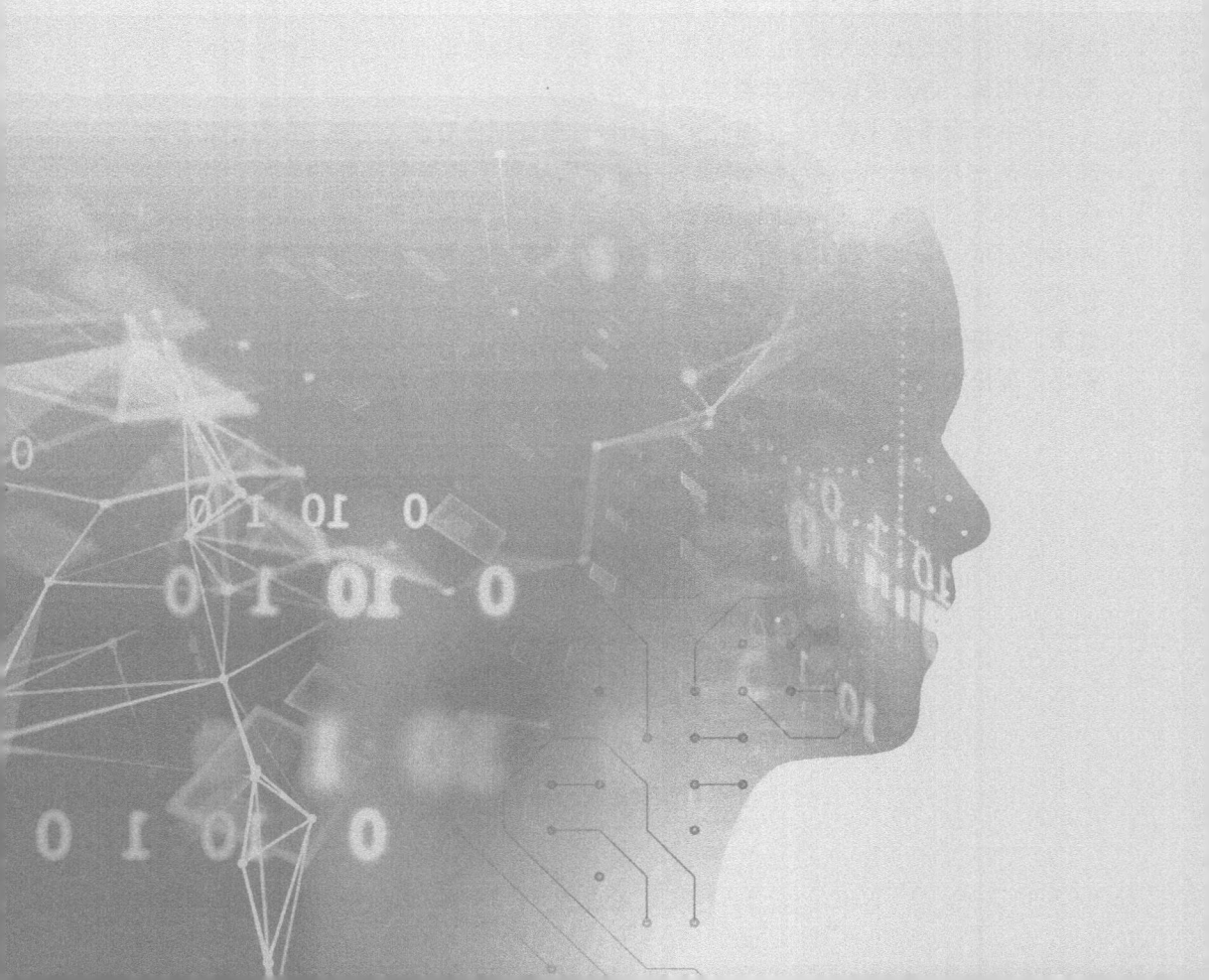

随着大数据、人工智能（AI）、虚拟现实等新兴技术的快速发展，学科竞赛的组织形式、竞赛内容以及学生的参与方式都发生了显著变化。这些技术不仅为学科竞赛提供了新的工具和手段，更激发了竞赛的创新活力，拓展了竞赛的边界。深入研究技术赋能下大学生学科竞赛的创新实践，并对其未来发展进行合理展望，对于提升高等教育质量、培养适应新时代需求的创新型人才具有重要的现实意义。AI赋能的双重性亦不容忽视，一方面，它为学科竞赛提供了前所未有的创新机遇；另一方面，也可能导致技术依赖症、技术伦理风险以及教育目标偏离等问题。如何平衡AI赋能与教育本质，构建可持续的学科竞赛创新生态，成为亟待解决的关键问题。

5.1　AI赋能大学生学科竞赛的现状分析

智能化开发工具的广泛普及，正以前所未有的态势重塑着学科竞赛的参与模式与竞争生态。它不仅显著降低了学科竞赛的参与门槛，让更多怀揣创新热情的学生能够跨越技术壁垒，投身其中；更以惊人的效率提升能力，为竞赛注入源源不断的创新活力。

以InsCode AI IDE这一具有代表性的智能化开发工具为例，它通过深度集成前沿的AI能力，构建起一套全方位、智能化的开发支持体系。自然语言生成代码功能，让开发者无需再为烦琐的代码语法和逻辑绞尽脑汁，只需用日常语言描述需求，系统便能精准理解并生成相应的代码框架；全局代码改写功能，能够根据预设的优化规则或用户指定的风格，对现有代码进行智能重构，提升代码的可读性和可维护性；智能调试功能则如同一位经验丰富的技术导师，实时监测代码运行状态，快速定位并修复潜在问题。在2025年某国家级编程比赛中，湖南大学参赛团队充分领略了InsCode AI IDE的强大魅力。面对复杂的开发任务，团队成员利用其便捷的AI对话框，仅需简洁明了地输入"创建一个可以接收语音指令并返回对应结果的Python函数"，系统便在瞬间快速生成了符合要求的代码框架。这一过程不仅节省了超过70%的开发时间，更凭借其自动化的代码优化功能，对生成的代码进行了深度优化，从内存管理、算法效率到异常处理等多个维度进行精细调整，从而有力确保了程序的稳定性和卓越性能。在实际运行中，该程序展现出了极高的可靠性和响应速度，为团队在竞赛中脱颖而出奠定了坚实基础。

AI大模型的接入，更是为学科竞赛的技术边界拓展开辟了全新的天地。以DeepSeek R1满血版和QwQ-32B为代表的高性能大模型，凭借其卓越的语言理解和生成能力，成为开发者应对复杂任务的得力助手。在自然语言处理领域，它们能够深入理解人类语言的语义、语境和情感，实现精准的文本分析、语义理解与生成；在图像识别方面，具备强大的特征提取和模式识别能力，能够快速准确地识别图像中的目标物体、场景和特征。

AI 赋能的浪潮不仅在技术层面为学科竞赛带来了翻天覆地的变化，更在深层次上推动了学科竞赛从单一学科向跨学科融合的深刻转变。这种转变打破了传统学科之间的壁垒，促使不同学科的知识、方法和思维相互碰撞、相互融合，为解决复杂问题提供了全新的视角和途径。以 2025 年中国国际大学生创新大赛为例，新农科赛道的设置极具前瞻性和创新性，它要求参赛团队结合农业大数据、智能农机装备与生态修复技术，开发出一套全面、高效的智慧农业解决方案。这一赛题绝非单一学科所能应对，它需要计算机科学提供强大的数据处理、算法开发和系统集成能力；电子工程贡献传感器技术、自动化控制和通信技术的支持；农业科学则发挥其在农作物生长规律、土壤肥力管理和病虫害防治等方面的专业优势。同时，还涉及经济学对项目成本效益的分析、社会学对农民需求和社会影响的考量以及生态学对农业生态系统平衡和可持续发展的研究。某获奖团队在这一跨学科融合的实践中表现卓越。他们巧妙地整合了无人机遥感数据、土壤传感器网络与区块链技术，构建起一个全方位、多层次的农产品全生命周期可追溯管理系统。无人机遥感数据能够实时获取农田的植被指数、土壤湿度等关键信息，为精准农业提供数据支撑；土壤传感器网络则深入田间地头，实时监测土壤的各项理化指标，为科学施肥和灌溉提供依据；区块链技术以其不可篡改、可追溯的特性，确保了农产品从种植、加工、运输到销售每一个环节的信息真实可靠，让消费者能够放心购买。这一成果不仅体现了多学科知识的有机融合，更展现了跨学科思维在解决实际问题中的巨大潜力。

5.2 AI 对大学生学科竞赛的影响

AI 技术为学生提供了丰富的创新资源，使他们能够在学科竞赛中突破传统思维的局限，提出更具创意的解决方案。通过接触先进的技术理念和工具，学生们能够从海量信息中挖掘出有价值的知识，激发创新灵感。例如，在市场调研分析竞赛中，学生利用大数据分析消费者行为数据，识别潜在市场需求，从而构思出具有前瞻性的产品或服务概念。这种基于技术支持的创新实践不仅增强了学生的创新能力，还提升了他们的实际操作能力，使他们更好地应对未来社会的复杂挑战。

在评审过程中，AI 技术的应用极大地提高了竞赛的公平性和透明度。在线评审系统通过随机分配评委、设定标准化评审流程和评分标准，减少了主观因素对评审结果的影响。此外，系统的操作记录功能方便了后续的复查和监督，确保评审过程的公正性。区块链技术的引入则进一步加强了作品原创性和完整性的保障。在学术论文竞赛等场景下，区块链确保了提交时间和作者信息的不可篡改性，有效防止了抄袭和内容篡改行为，维护了竞赛的公正性和权威性。

跨学科融合是现代学科竞赛的一大特点，这得益于 AI 和其他新兴技术的广泛应用。以智能医疗设备设计竞赛为例，参赛者需要结合电子信息工程、计算机科学以及生物医学工程等多个领域的知识。不同专业的学生各司其职，共同完成项目目标，促进了跨学科的合作与交流。这种模式不仅培养了学生的综合素养和解决复杂问题的能力，也满足了现代社会对复合型人才的需求。

然而，尽管 AI 技术带来了诸多积极影响，但也存在一些负面效应。一方面，部分学生可能过度依赖技术工具，而忽视了基础理论的学习。比如，有的学生只是机械地使用数据分析软件的功能，却缺乏对背后算法原理的理解，难以深入解读和合理应用分析结果。另一方面，地区、学校及个人之间技术资源获取的差异，可能导致学科竞赛中的不公平现象。发达地区的高校往往拥有更先进的实验设施和技术培训资源，学生在竞赛中有更多机会接触和应用新技术；而在资源匮乏的地区，学生则可能因条件限制而在竞赛中处于不利地位。这种技术差距若得不到妥善解决，将影响竞赛的公正性，并可能削弱某些学生参与竞赛的热情和动力。

5.3　AI 赋能下大学生学科竞赛的未来展望

（1）教育目标：从技能验证向创新孵化范式转型

在技术持续迭代与高等教育创新驱动的双重作用下，学科竞赛的教育目标正经历深刻转型，从传统的技术技能验证模式，向创新孵化范式演进。未来竞赛将打破封闭式命题的桎梏，引入"开放式命题"机制，给予参赛团队更大的自主探索空间。这种模式下，学生可基于自身兴趣与技术专长，自主选择研究方向，在人工智能伦理、元宇宙应用开发、生物医疗交叉技术等前沿领域开展创新性研究。

为保障创新项目顺利实施，竞赛组织方将构建全方位支持体系。设立专项孵化基金，为优质项目提供启动资金；整合高校、科研机构的专家资源，为团队配备跨学科导师，提供技术指导与学术支持；搭建资源共享平台，提供先进的实验设备、数据资源和技术工具。例如，MIT 的"媒体实验室黑客马拉松"，每年为学生团队提供场地、硬件设备及行业导师指导，助力学生将创意转化为可落地的项目。

竞赛成果转化机制将得到进一步完善。竞赛组织方将加强与孵化器、投资机构、科技园区的合作，为优秀项目搭建从实验室到市场的桥梁。通过举办成果展示会、项目路演等活动，向产业界推介优秀项目，促进技术成果与市场需求的有效对接。部分竞赛甚至会引入"商业孵化赛道"，邀请专业投资人参与评审，为具有商业潜力的项目提供融资机会，推动竞赛成果的快速落地与产业化发展。

（2）技术趋势：从单一工具应用到技术生态协同创新

随着技术融合发展趋势日益显著，未来学科竞赛将更加注重技术生态的构建，推动竞赛从单一工具应用向多技术协同创新转变。"技术栈"概念将深度融入竞赛命题与评审标准，要求参赛团队整合人工智能、物联网、区块链、大数据等多种技术，开发复杂系统解决方案。在智慧城市建设主题竞赛中，参赛团队需综合运用物联网技术实现城市设施数据采集，借助人工智能算法进行数据分析与决策支持，利用区块链技术保障数据安全与可信共享，最终构建完整的智慧城市管理系统。

竞赛平台将向开放式、生态化方向发展，通过开放 API 接口、集成开源库和云服务，降低技术应用门槛，促进技术资源的高效共享。例如，微软举办的"Imagine Cup"竞赛，提供 Azure 云服务资源和 AI 开发工具包，参赛者可直接调用云端算力和算法模型，专注于应用创新。平台将支持跨团队、跨地域的协同开发，通过版本控制工具、在线协作平台，实现代码、文档的实时共享与协同编辑，打破空间限制，提升团队协作效率。竞赛还将鼓励技术创新与开源贡献，对采用创新技术架构、开源优秀代码的项目给予额外加分，推动技术生态的良性发展。

（3）产业需求：从实验室创新到产业深度融合发展

未来学科竞赛将进一步强化与产业需求的深度对接，推动竞赛成果从实验室创新向产业实际应用转化。"企业命题"机制将成为竞赛的重要组成部分，企业从自身生产经营、技术研发的实际需求出发，提出竞赛命题，涵盖智能制造、新能源开发、数字营销等多个领域。例如，华为公司在其举办的"智能基座"全国大学生信息素养大赛中，发布 5G 技术应用、AI 芯片开发等企业真实需求作为竞赛题目，引导学生针对产业痛点开展技术攻关。

为促进竞赛成果的产业化落地，竞赛组织方将构建完善的产业对接机制。加强与产业链上下游企业的合作，邀请企业技术专家参与竞赛评审与指导，确保竞赛成果符合产业实际需求。搭建成果转化平台，组织企业与参赛团队进行项目对接洽谈，推动优秀项目进入企业研发体系或实现商业化运营。部分竞赛还将设立"产业应用奖"，对具有明确产业应用前景的项目给予奖励，激励学生开展面向产业需求的创新研究。通过深化竞赛与产业的融合，学科竞赛将成为高校科研成果转化的重要渠道，为产业升级和经济社会发展提供创新动力与人才支撑。

参考文献

[1] 中国高等教育学会. 2023 年全国普通高校大学生竞赛分析报告 [R]. 2024-03-21.

[2] 中共中央, 国务院. 中国教育现代化 2035[R]. 2019-02-23.

[3] 山西省人民政府. 山西省"十四五" 14 个战略性新兴产业规划 [R]. 2021-05-27.

[4] 河南省教育厅. 关于加强普通高等学校大学生学科竞赛工作的指导意见 [R]. 2021-04-30.

[5] 范毅, 陈芸生, 李仁焕. 课程教学与学科竞赛相互融合的现状和趋势研究 [J]. 社会科学前沿, 2020, 9 (2): 166-171.

[6] 罗涤, 游振声. 澳大利亚高校创新创业教育体系研究 [J]. 比较教育研究, 2017, 39 (5): 78-84.

[7] 江苏省教育厅. 河海大学提升学风建设 抓实创新创业教育 [R]. 2019-08-20.

[8] 缪劲翔. 汇聚教育科技人才合力 助推现代化产业体系建设 [N]. 光明日报, 2024-05-21.

[9] 孙超. 以学科竞赛和创新项目为载体的大学生专利撰写 [R]. 2023-05-11.

[10] 王一川. 美国创新创业教育的双重特色 [J]. 高等教育研究, 2018, 39 (4): 91-96.

[11] Vygotsky L S. Mind in Society: The Development of Higher Psychological Processes[M]. Cambridge, MA: Harvard University Press, 1978.

[12] MIT Grand Challenges Summit. A Grand Challenges-Based Research Agenda for Scholarly Communication and Information Science [C]. MIT Press, 2018.

[13] 刘卫平. 学科竞赛与创新人才培养 [J]. 教育评论, 2014 (12): 166-171.

[14] 李培根. 未来工程教育之路 [J]. 高等工程教育研究, 2017 (1): 1-8.

[15] 林健. 面向未来的中国工程教育 [J]. 清华大学教育研究, 2017, 38 (2): 1-10.

[16] 段玉岗, 陈雪峰, 陈花玲. 基于学科竞赛的创新实践教学体系构建与实践 [J]. 实验技术与管理, 2017, 34 (11): 1 - 5.

[17] 李正卫, 傅剑, 张靓. 学科竞赛对大学生创新创业能力影响的实证研究 [J]. 高等工程教育研究, 2019 (4):1 - 8.

[18] 华南师范大学教师发展中心. 跨学科教育: 高校教育改革的生长点 [J]. 教学漫谈, 2021(12): 1460 - 1468.

[19] 谷甜甜, 胡秀丽, 王文顺, 等. 高校大学生参与学科竞赛的意愿及其影响因素研究——以工程管理专业学生为例 [J]. 高等建筑教育, 2025, 34(2): 40-51.

[20] 华南师范大学教师发展中心. 跨学科教育: 高校教育改革的生长点 [J]. 教学漫谈, 2021 (12): 1460 - 1468.

[21] 谷甜甜, 胡秀丽, 王文顺, 等. 高校大学生参与学科竞赛的意愿及其影响因素研究——以工程管理专业学生为例 [J]. 高等建筑教育, 2025, 34 (2): 40-51.

[22] 霍健, 安纯尧, 张晓良, 等. 浅谈学科竞赛助力军校教学质量提升 [J]. 中国军转民, 2025 (6): 42-43.

[23] 刘艳, 陈世荣. 高校思政协同学科竞赛实践育人模式探究 [J]. 佳木斯职业学院学报, 2025, 41 (3): 191-193.

[24] 王成琳, 苏有勇. 基于"以赛促学"教学机制的研究生农业人工智能课程教改实践 [J]. 农业开发与装备, 2025 (3): 52-55.

[25] 易全勇, 吴晓丽, 罗生全. 学科竞赛赋能拔尖创新人才培养的实践困境及优化路径 [J]. 教育发展研究,

2024, 44 (24): 9-19.

[26] 陈浪城，杨月榕，林烈青，等. 教育数字化转型背景下新工科实验竞赛实施路径 [J]. 实验室研究与探索，2023, 42 (10): 174-180, 195.

[27] 胡胜男，施燕斌，陈红蕾，等. 面向大学生学科竞赛全周期的信息服务体系建设——以国防科技大学图书馆为例 [J]. 大学图书馆学报，2022, 40 (4): 48-53, 47.

[28] 倪晨，李渔迎，方恺，等. 学科竞赛视角下项目式实验教学的研究——以第三届"卓越杯"大学生物理实验竞赛为例 [J]. 实验室研究与探索，2022, 41 (8): 256-262.

[29] 李银清，李恒，梁钟艺. 基于学科竞赛的应用型高校创新创业实践教育体系构建研究——以长春中医药大学为例 [J]. 职业技术教育，2022, 43 (32): 61-66.

[30] 王安东，陈龙，何平，等. 以学科竞赛为抓手的化工类时代新人培养探索 [J]. 塑料工业，2022, 50 (10): 185-187.

[31] 中国高等教育学会竞赛工作委员会. 跨学科竞赛协同机制研究 [M]. 北京：科学出版社，2023: 89-102.

[32] 王立国，李思颖. 人工智能竞赛对学生创新能力影响的实证研究——基于 42 所高校的追踪数据 [J]. 中国高教研究，2023, 39(2): 34-41.

[33] 电子科技大学创新创业学院. 新工科背景下学科竞赛育人模式探索 [J]. 高等工程教育研究，2023(4): 56-62.

[34] 浙江大学本科生院. 竞赛知识图谱课程体系建设报告 [R]. 杭州：浙江大学教学发展中心，2023.

[35] 张伟，陈思远. 学科竞赛资源分配的区域差异与优化路径——基于中西部高校的实证分析 [J]. 教育经济评论，2023, 18(1): 45-57.

[36] 李敏，等. 竞赛功利化倾向对学生创新能力的影响机制研究 [J]. 心理发展与教育，2023, 39(4): 112-120.

[37] 赵立军，周涛. 生成式 AI 在学科竞赛中的应用风险与对策 [J]. 现代教育技术，2023, 33(8): 67-73.

[38] 中国教育科学研究院. 高校跨学科竞赛协同机制研究——基于 58 个竞赛团队的案例分析 [R]. 北京：教育科学出版社，2023.

[39] 刘洋. 竞赛驱动下的工程实践课程改革效果评估 [J]. 高等工程教育研究，2023(6):102-109.

[40] 全国大学生数学建模竞赛组委会. 数学建模竞赛优秀论文选编（2023）[M]. 北京：高等教育出版社，2023.

[41] OECD. STEM Competitions and Skills Development: A Global Perspective[R]. Paris: OECD Publishing, 2023.

[42] UNESCO. Bridging the Gap: Equity in Global STEM Competitions[R]. Paris: UNESCO, 2023.

[43] 中国工程院教育委员会. 新工科背景下学科竞赛与产业融合路径研究 [M]. 北京：机械工业出版社，2023.

[44] 李正卫，傅剑，张靓. 学科竞赛对大学生创新创业能力影响的实证研究 [J]. 高等工程教育研究，2019(4): 1-8.

[45] 王海燕，刘志军. 基于建构主义的学习评价模式研究 [J]. 教育研究与实验，2018(3): 45-51.

[46] 陈晓明，周涛. 跨学科竞赛对团队创新能力的影响机制 [J]. 科学学研究，2020, 38(6): 1023-1031.

[47] 杨立新，吴伟. 大学生电子设计竞赛与创新能力培养研究 [J]. 实验室研究与探索，2020, 39(9): 156-

160.

[48] 黄敏，王晓峰．英语辩论赛对批判性思维能力的促进作用研究 [J]. 外语界，2019(5): 72-79.

[49] 徐斌，林晓霞．双轨制培养模式在工科竞赛中的应用研究 [J]. 高等工程教育研究，2021(2): 88-95.

[50] 郑国强，马晓燕．机械创新设计大赛中的问题解决能力培养 [J]. 机械工程学报，2021, 57(18): 230-238.

[51] 何建军，周美玲．程序设计竞赛中的团队协作网络分析 [J]. 计算机教育，2021 (11): 34-39.

[52] 李明哲，赵明．学科竞赛驱动下的创新人才培养体系构建 [J]. 中国高教研究，2023(1): 56-63.

[53] ZHOU X, WANG Y, LI Z. Social network analysis of ACM-ICPC teams: The impact of knowledge sharing on performance[J]. Computers & Education, 2022, 183: 104482.

[54] 王琳，张明，李华．学科竞赛对大学生工程实践能力的影响研究——以全国大学生金相技能大赛为例 [J]. 高等工程教育研究，2023(4): 123-129.

[55] 教育部科技司．2022 年中国高校科技创新能力发展报告 [M]. 北京：高等教育出版社，2022.

[56] 全国大学生工程实践与创新能力大赛组委会．2021 年全国大学生工程实践与创新能力大赛白皮书 [M]. 北京：高等教育出版社，2021.

[57] Li H. The cognitive load dynamics in impromptu debates: An ERP study of the FLTRP Cup English Debating Competition[J]. Language Testing, 2022, 39(3): 412-435.

[58] 王磊．跨学科竞赛对大学生创新能力的提升机制研究 [D]. 西安：西安交通大学，2024.

[59] Chen Y, Liu J, Wang S. Team effectiveness in interdisciplinary competitions: The mediating role of role clarity[J]. Research in Higher Education, 2023, 64(6): 895-918.

[60] Gibbons M, Limoges C, Nowotny H, et al. The new production of knowledge: The dynamics of science and research in contemporary societies[M]. New York: SAGE Publications, 1994.

[61] 孙伟，朱文杰．化学实验竞赛对科研能力培养的实证分析 [J]. 化学教育，2019, 40(24): 12-17.

[62] 李国锋，张世英，李彬．论基于学科竞赛的大学生创新能力培养模式 [J]. 实验技术与管理，2013, 30(3): 24-27.

[63] 魏玲，綦良群，李阳．学科竞赛对大学生创新能力培养的探讨 [J]. 教育界，2015(15): 81.

[64] 吕欣欣．学科竞赛驱动下创新能力培养模式探索与实践 [J]. 科技视界，2017(7): 43.

[65] 沈秀，眭荣方，曾德伟．地方高校学科竞赛管理体系的构建 [J]. 实验室研究与探索，2014, 33(11): 186-189.

[66] 陆国栋，陈临强，何钦铭，等．高校学科竞赛评估：思路、方法和探索 [J]. 中国高教研究，2018(2): 63-68.

[67] 何艳玲，王彦芳，石志强．"学践创赛"四位一体协同育人的材料专业实践教学体系构建与实践 [J]. 中国现代教育装备，2022(7): 1-4.

[68] 胡新明，徐伶俐，王先昌．学科竞赛驱动下的设计学专业实践教学研究——以"海洋文化创意设计大赛"为例 [J]. 美与时代（上旬刊），2019(4): 90-92.

[69] 张学敏．学科竞赛驱动下的大学生自主开放实验创新探索——以全国大学生管理决策模拟大赛为例 [J]. 现代教育技术，2013, 23(5): 112-115.

[70] 顾振杰，雷剑波，宋振明．基于竞赛驱动的地方本科院校创新创业人才培养模式研究 - 以"天工开物"创新实验室为例 [J]. 教育教学论坛，2020(14): 217-218.

[71] 樊利, 丁珠玉, 唐曦, 等. 构建多学科竞赛平台培养实践创新人才[J]. 西南师范大学学报(自然科学版), 2016, 41(8): 178-182.

[72] 刘献君. 高等教育生态系统论纲 [J]. 高等教育研究, 2018, 39(5): 1-10.

[73] 沈汝伟. 学科竞赛促进土木类学生创新思维训练和创新能力培养 [J]. 现代职业教育, 2025(12): 37-40.

[74] Pfeffer J, Salancik G R. The External Control of Organizations: A Resource Dependence Perspective[M]. CA: Stanford University Press, 2003.

[75] Ansell C, Gash A. Collaborative Governance in Theory and Practice[J]. Journal of Public Administration Research and Theory, 2008, 18(4): 543-571.

[76] Patton M Q. Utilization-Focused Evaluation[M]. Thousand Oaks: Sage Publications, 2008.

[77] Rhodes R A W. Understanding Governance: Policy Networks, Governance, Reflexivity and Accountability[M]. Berkshire: Open University Press, 1997.

[78] Jensen M C, Meckling W H. Theory of the Firm: Managerial Behavior, Agency Costs and Ownership Structure[J]. Journal of Financial Economics, 1976, 3(4): 305-360.

[79] 国务院办公厅. 关于深化高等学校创新创业教育改革的实施意见 [Z]. 北京: 中华人民共和国国务院, 2015.

[80] Charnes A. Measuring the Efficiency of Decision Making Units[J]. European Journal of Operational Research, 1978, 2(6): 429-444.

[81] 周开发, 李茂国. 学科竞赛对大学生创新能力培养的实证研究 [J]. 中国高教研究, 2017(5), 78-82.

[82] Chen X, Huang Y. Practical skills development through innovation and entrepreneurship competitions[J]. Journal of Higher Education Research, 2020, 38(4): 102-115.

[83] Gao J, Chen L. Entrepreneurship education and business incubation in university sports competitions[J]. Innovation and Entrepreneurship Review, 2021, 27(2): 89-102.

[84] Li Z, Zhou Y. Stress resilience training in university innovation competitions[J]. Applied Psychology Studies, 2022, 36(3): 211-225.

[85] 陈晓华, 李国强. IYPT 参赛学生的创新能力发展追踪研究 [J]. 高等教育研究, 2023, 44(5), 89-97.

[86] 周开发, 李茂国. 学科竞赛对大学生创新能力培养的实证研究 [J]. 中国高教研究, 2017 (5), 78-82.

[87] Chen X, Huang Y. Practical skills development through innovation and entrepreneurship competitions[J]. Journal of Higher Education Research, 2020, 38(4): 102-115.

[88] Gao J, Chen L. Entrepreneurship education and business incubation in university sports competitions[J]. Innovation and Entrepreneurship Review, 2021, 27(2): 89-102.

[89] Li Z, Zhou Y. Stress resilience training in university innovation competitions[J]. Applied Psychology Studies, 2022, 36(3): 211-225.

[90] Liu F, Zhao M. Market analysis and consumer behavior research in sports innovation contests[J]. Business Strategy and Management, 2023, 42(5): 301-315.

[91] Dziob D, Kwiatkowski Ł, Sokołowska D. Studying the impact of the class tournament as an assessment method on student achievements in physics courses[J]. European Journal of Physics,2015,37 (1):015701.

[92] Tschigale P L, Steegh A, Petersen S, et al. Are science competitions meeting their intentions? A case study

on affective and cognitive predictors of success in the Physics Olympiad[J]. International Journal of STEM Education,2024,11 (1):1-18.

[93] Shi X. The quality evaluation system of innovation and entrepreneurship education in colleges and universities[J]. Journal of Educational Technology and Innovation,2025,8 (2):45-60.

[94] Zhou Y, Yang S. Design of an integrated evaluation system for innovative education in colleges and universities based on the gray comprehensive evaluation method[J]. Education and Information Technologies,2024,29 (3):321-340.

[95] 芮国星, 华瑛. 大学生创业大赛中创业团队创业能力综合评价模型研究 [J]. 中国高等教育, 2009,22 (6):56.

[96] Dai B, Yang S. Evaluation of college students' innovation and entrepreneurship ability based on BP algorithm[J]. Journal of Computer Applications,2024,44 (9):123-130.

[97] 王步, 武贤慧. 基于学科竞赛的土木类大学生能力反馈指标体系研究 [J]. 高等建筑教育, 2017,26 (1):78-88.

[98] 程涛. 结构模型设计竞赛与土木工程专业教学改革 [J]. 实验技术与管理, 2010, 27(12): 15-18.

[99] 张琦, 艾星. 基于水利创新设计大赛的工科大学生综合能力培养实践研究 [J]. 中国高教研究, 2023, 40(3): 89-95.

[100] 王力, 卢平, 吴勇. 高校学科竞赛评价体系的构建与应用——以某高校为例 [J]. 教育研究与实验, 2021, 39(4): 112-120.

[101] Bai Y, Yang Z, Yuan X, et al. Construction and practice of the 'three levels - four dimensions' system for basic disciplines competitions: A case study[J]. Education and Teaching Forum,2023,15 (1):23-30.

[102] Lamont M, Mallard G, Guetzkow J. Beyond blind faith: Overcoming the obstacles to interdisciplinary evaluation[J]. Social Studies of Science,2006,36 (2):199-223.

[103] Cevikbas M, Kaiser G, Schukajlow S. A systematic literature review of the current discussion on mathematical modelling competencies: State-of-the-art developments in conceptualizing, measuring, and fostering[J]. Educational Studies in Mathematics,2021,107 (3):369-404.

[104] Hankeln C, Adamek C, Greefrath G. Assessing sub-competencies of mathematical modelling—Development of a new test instrument[J]. ZDM Mathematics Education,2019,51 (6):925-935.

[105] 陆丹华. 基于模糊综合评价下体育赛事评价及考核体系研究 [J]. 体育科学, 2013,33 (10):45-50.

[106] 陈强. 大规模创新类竞赛评审方案研究——以"互联网+"竞赛为例 [J]. 科研管理, 2024, 45(6): 88-99.

[107] Zhao B, Jiang X. On the evaluation scheme for large scale innovation competition: A case study of the 'Challenge Cup' [J]. Journal of Systems Science and Information,2023,11 (4):1-110.

[108] 徐倩. 广东省职业创新创业竞赛评价体系的构建与实践研究 [J]. 职业技术教育, 2024, 45(6): 67-74.

[109] 孙雨薇. 高等体育院校体育产业创新创业工作绩效评价指标体系构建研究 [J]. 体育文化导刊, 2020,38(4):89-92.

[110] 白羽, 杨谆, 袁晓娜, 等. "三个层次 - 四个维度"基础学科竞赛体系的构建与实践 [J]. 高等教育研究, 2023,44 (4):56-62.

[111] 陈会林. 学科竞赛融入高校创新人才培养全过程研究 [J]. 中国高教研究, 2019 (3):45-51.

[112] 陈燕萍, 赵楠, 梁越月. "岗课赛证"融合的活页式教材设计 —— 以水利工程造价教材为例 [J]. 四川水利, 2023,44 (4):74-77.

[113] 程永光, 苏凯, 严鹏, 等. 绿色水利的创新未来 —— 全国大学生水利创新设计大赛回顾与展望 [J]. 中国水利, 2020(21):1-4.

[114] 高有堂. 融入学科竞赛知识体系和元素的课程体系研究与重构 [J]. 中国大学教学, 2021 (6):112-118.

[115] 教育部高等教育司. 新时代高教 40 条 [M]. 北京: 高等教育出版社, 2018.

[116] 李惠杰, 侯婧. 高校学科竞赛管理制度体系建设研究 [J]. 教育发展研究, 2020,40 (11):78-84.

[117] 林松柏. 基于工程范式的高等教育人才培养体系研究 [J]. 清华大学教育研究, 2013,34 (5):112-118.

[118] 刘晓玲, 贾磊. "南粤杯"PLC 电机控制竞赛项目分析 [J]. 黄河水利职业技术学院学报, 2011,23 (3):45-47.

[119] 戎贵文, 宋晓梅, 许光泉, 等. 基于赛事培养大学生创新能力的实践 [J]. 大学教育, 2017 (8):41-43.

[120] 邱文伟. 大学生创新创业能力的培养和提升 —— 基于学科竞赛的功能效应 [J]. 创新与创业教育, 2017,8 (5):23-27.

[121] 王胜春. 基于工程范式的工程教育理论与实践刍议 [J]. 高等工程教育研究, 2021 (4):1-6.

[122] 吴友杰, 胡德勇, 肖卫华, 等. 以学科竞赛为契机的水利创新人才培养与实践 [J]. 教育教学论坛, 2021 (44):121-124.

[123] 肖柏青. 依托学科竞赛培养水文与水资源工程专业学生的创新能力 [J]. 绥化学院学报, 2018,38 (5):124-126.

[124] 辛忠. 以学科竞赛为抓手, 加强大学生创新精神与实践能力培养 [J]. 化工高等教育, 2023 (6):34-39.

[125] 张宝军. 水处理技术赛项规程的编制与赛卷设计 [J]. 江苏建筑职业技术学院学报, 2020,20 (3):1-4.

[126] 张建平. 水利职业院校"赛教结合, 以赛育人"人才培养模式研究 —— 以全国水利职业院校技能竞赛为例 [J]. 教育科学论坛, 2018 (30):62-65.

[127] 张静, 何俊仕, 周林飞. 水利工程专业大学生实践技能竞赛设计与实践 [J]. 沈阳农业大学学报 (社会科学版),2016,18 (5):588-592.

[128] 张权, 艾学山. 基于水利创新设计大赛的工科大学生综合能力培养实践研究 [J]. 教师, 2023 (14):104-106.

[129] 张雅杰. 学科竞赛驱动的大学生创新创业人才培养模式构建 [J]. 中国大学教学, 2021 (4):67-72.

[130] 赵云峰, 曾磊. 土木工程实践教学与学科竞赛融合模式创新研究 —— 以大学生结构设计竞赛为例 [J]. 高等建筑教育, 2023,32 (3):1-8.

[131] 包淑珉, 史佳遥, 赖韬, 等. 山地输电塔模型设计选型与优化 [J]. 教育教学论坛, 2020 (14):45-48.

[132] 陈庆军, 罗嘉濠, 陈思煌, 等. 国内外大学生结构设计竞赛总结及研究 [J]. 东南大学学报 (哲学社会科学版),2012,14 (3):89-94.

[133] 陈庆军, 邱智育, 季静, 等. 第 12 届全国大学生结构设计竞赛命题与实践 [J]. 空间结构, 2019,25 (2):34-40.

[134] 付果, 吴仕荣, 王磊, 等. 大学生结构设计竞赛中的结构创新设计与优化 [J]. 高等建筑教育, 2017,26 (1):112-117.

[135] 付善春,沈红艳,尹祖兴,等.基于结构设计竞赛的土建专业人才创新实践能力培养研究 [J]. 安阳师范学院学报, 2019 (4):123-127.

[136] 郭金龙,陈庆军,郑锦洪,等.竹质框架模型受侧向冲击测试及分析 [J]. 力学与实践, 2014,36 (5):589-593.

[137] 刘问,胡雨村,罗璐.利用大学生结构设计竞赛促进土木工程学科实践教学改革 [J]. 中国林业教育, 2014,32 (2):34-37.

[138] 苗吉,徐雷,刘春燕,等.构建结构设计竞赛平台,培养土建类创新人才 [J]. 西安建筑科技大学学报 (社会科学版),2007,6 (2):78-82.

[139] 戎贵文,宋晓梅,许光泉,等.基于赛事培养大学生创新能力的实践 [J]. 大学教育, 2017 (9):67-70.

[140] 宋晓冰,吴晓昂,闫斌,等.大学生结构设计竞赛方案设计原则及案例分析 [J]. 力学与实践, 2020,42 (4):456-461.

[141] 西安建筑科技大学土木工程学院.构建实践性设计竞赛平台,培养创新型人才 [J]. 高等建筑教育, 2007,16 (3):45-49.

[142] 项昌军,陈跃,童晨希,等.竹材大跨度屋盖结构模型设计及理论分析 [J]. 宁波工程学院学报, 2017,29 (3):21-25.

[143] 谢伟,张一博,张健,等.基于学科竞赛的土木类专业综合素质培养总结分析 —— 以大学生结构设计竞赛为例 [J]. 教育教学论坛, 2020 (18):34-37.

[144] 徐龙军,李洋,许昊.全国大学生结构设计竞赛赛题分析及建议 [J]. 高等建筑教育,2012,21 (2):89-93.

[145] 许昊,徐龙军,李洋,等.大学生结构设计竞赛中创新能力的培养与发挥 [J]. 高等建筑教育, 2011,20 (6):112-116.

[146] 余世策,宋翔,杨丁亮.结构设计竞赛中风力发电塔模型设计与制作 [J]. 力学与实践, 2010,32 (3):45-49.

[147] 张富宾,刘琼,卢杨.基于大学生结构设计竞赛的土木工程专业本科教学改革探索与创新 [J]. 教育现代化, 2018,5 (50):67-70.

[148] He J, Li X, Wang Y. Application of digital intelligence in green construction in China: A literature review and knowledge framework[J]. Journal of Cleaner Production,2022,338:130532.

[149] Li L, Wang Q. Exploration on the way to improving college students' innovative practice ability based on subject competition[J]. Journal of Education and Practice,2022,13 (5):89-95.

[150] Puigcerver J, Toselli A, Vidal E. ICDAR2015 competition on keyword spotting for handwritten documents [C]//2015 13th International Conference on Document Analysis and Recognition (ICDAR). IEEE,2015:1176-1180.

[151] Umoh A A. A review of smart green building technologies[J]. Energy and Buildings,2021,249:111234.

[152] Weber T, Conchon S, Kanig J. The SMT competition 2015-2018[J]. Journal on Satisfiability, Boolean Modeling and Computation,2019, 11(1):221-259.

[153] Xing Bowen, Li Bing. New techniques in motion control and path planning of marine vehicles[J]. Journal of Marine Science and Engineering,2023,11 (5):1024.

[154] H Djikpesse, J F F Sobreira. Recent advances and trends in subsea technologies and seafloor properties

characterization[J]. Geophysics,2022,87 (3):WA123-WA135.

[155] Smith Ryan N, Chao Y. Planning and implementing trajectories for autonomous underwater vehicles to track evolving ocean processes based on predictions from a regional ocean model[J]. The International Journal of Robotics Research,2021,40 (7-8):890-910.